蔡元培 著
逸闻 雨潇 编

中国人的修养

四川文艺出版社

图书在版编目（CIP）数据

中国人的修养/蔡元培著；逸闻，雨潇编. —成都：四川文艺出版社，2017.8（2018.2重印）
ISBN 978-7-5411-4721-0

Ⅰ.①中… Ⅱ.①蔡… ②逸… ③雨… Ⅲ.①道德修养—中国 Ⅳ.①B825

中国版本图书馆 CIP 数据核字（2017）第 179332 号

ZHONG GUO REN DE XIU YANG
中国人的修养

蔡元培 著　逸闻 雨潇 编

责任编辑	李国亮　奉学勤
责任校对	蓝　海
封面设计	叶　茂
版式设计	史小燕
责任印制	周　奇

出版发行	四川文艺出版社（成都市槐树街2号）
网　　址	www.scwys.com
电　　话	028-86259287（发行部）　028-86259303（编辑部）
传　　真	028-86259306

邮购地址	成都市槐树街2号四川文艺出版社邮购部　610031
排　　版	四川胜翔数码印务设计有限公司
印　　刷	四川华龙印务有限公司
成品尺寸	145 mm×210 mm　1/32
印　　张	8.5　　　　　字　数　210 千
版　　次	2017 年 9 月第一版　印　次　2018 年 2 月第二次印刷
书　　号	ISBN 978-7-5411-4721-0
定　　价	25.00 元

版权所有·侵权必究。如有质量问题，请与出版社联系更换。028-86259301

中国人的修养

CONTENTS
目录

一、华工学校讲义

德育三十篇 ·················· 3
 合群 ·················· 3
 舍己为群 ·················· 5
 注意公众卫生 ·················· 7
 爱护公共之建筑及器物 ·················· 9
 尽力于公益 ·················· 11
 己所不欲勿施于人 ·················· 13
 责己重而责人轻 ·················· 15
 勿畏强而侮弱 ·················· 18
 爱护弱者 ·················· 19
 爱物 ·················· 21
 戒失信 ·················· 25
 戒狎侮 ·················· 28
 戒谤毁 ·················· 31
 戒骂詈 ·················· 33
 文明与奢侈 ·················· 36
 理信与迷信 ·················· 39
 循理与畏威 ·················· 42
 坚忍与顽固 ·················· 45

自由与放纵 …………………………………… 47
　　镇定与冷淡 …………………………………… 49
　　热心与野心 …………………………………… 53
　　英锐与浮躁 …………………………………… 55
　　果敢与卤莽 …………………………………… 58
　　精细与多疑 …………………………………… 61
　　尚洁与太洁 …………………………………… 63
　　互助与依赖 …………………………………… 66
　　爱情与淫欲 …………………………………… 69
　　方正与拘泥 …………………………………… 71
　　谨慎与畏葸 …………………………………… 74
　　有恒与保守 …………………………………… 76

智育十篇 ………………………………………… 80
　　文字 …………………………………………… 80
　　图画 …………………………………………… 82
　　音乐 …………………………………………… 84
　　戏剧 …………………………………………… 86
　　诗歌 …………………………………………… 88
　　历史 …………………………………………… 90
　　地理 …………………………………………… 92
　　建筑 …………………………………………… 94
　　雕刻 …………………………………………… 96
　　装饰 …………………………………………… 99

二、中学修身教科书

上篇·第一章　修己 ……………………………… 105
　　第一节　总论 ………………………………… 105

第二节	体育 ……………………	106
第三节	习惯 ……………………	109
第四节	勤勉 ……………………	110
第五节	自制 ……………………	111
第六节	勇敢 ……………………	115
第七节	修学 ……………………	118
第八节	修德 ……………………	121
第九节	交友 ……………………	124
第十节	从师 ……………………	126

第二章　家族 …………………………… 128
　第一节　总论 …………………… 128
　第二节　子女 …………………… 130
　第三节　父母 …………………… 135
　第四节　夫妇 …………………… 137
　第五节　兄弟姊妹 ……………… 139
　第六节　族戚及主仆 …………… 141

第三章　社会 …………………………… 143
　第一节　总论 …………………… 143
　第二节　生命 …………………… 146
　第三节　财产 …………………… 148
　第四节　名誉 …………………… 152
　第五节　博爱及公益 …………… 154
　第六节　礼让及威仪 …………… 158

第四章　国家 …………………………… 161
　第一节　总论 …………………… 161
　第二节　法律 …………………… 162
　第三节　租税 …………………… 163

第四节　兵役 …………………………… 164
　　第五节　教育 …………………………… 165
　　第六节　爱国 …………………………… 166
　　第七节　国际及人类 …………………… 167

第五章　职业 ………………………………… 170
　　第一节　总论 …………………………… 170
　　第二节　佣者及被佣者 ………………… 172
　　第三节　官吏 …………………………… 174
　　第四节　医生 …………………………… 176
　　第五节　教员 …………………………… 177
　　第六节　商贾 …………………………… 178

下篇·第一章　绪论 ………………………… 180
第二章　良心论 ……………………………… 182
　　第一节　行为 …………………………… 182
　　第二节　动机 …………………………… 183
　　第三节　良心之体用 …………………… 183
　　第四节　良心之起源 …………………… 185

第三章　理想论 ……………………………… 187
　　第一节　总论 …………………………… 187
　　第二节　快乐说 ………………………… 188
　　第三节　克己说 ………………………… 190
　　第四节　实现说 ………………………… 190

第四章　本务论 ……………………………… 193
　　第一节　本务之性质及缘起 …………… 193
　　第二节　本务之区别 …………………… 194
　　第三节　本务之责任 …………………… 195

第五章　德论 ………………………………… 197

第一节　德之本质 …………… 197
　　第二节　德之种类 …………… 198
　　第三节　修德 ………………… 198
第六章　结论 …………………………… 200

三、国民修养散论

美育与人生 ……………………………… 203
怎样才配做一个现代学生 ……………… 205
义务与权利 ……………………………… 212
科学之修养 ……………………………… 215
思想自由 ………………………………… 219
劳工神圣 ………………………………… 223
在育德学校演说之述意 ………………… 224
就任北京大学校长之演说 ……………… 227
世界观与人生观 ………………………… 230
孔子之精神生活 ………………………… 235
读书与救国——在杭州之江大学演说词 … 238
关于读经问题 …………………………… 240
美育实施的方法 ………………………… 242
对于师范生的希望 ……………………… 249
文化运动不要忘了美育 ………………… 252
文明之消化 ……………………………… 254
我的新生活观 …………………………… 256
《国民杂志》序 ………………………… 257

一、华工学校讲义①

---

① 1916年3月，华法教育会为筹备广设华工学校，推广对在法华工的教育，先招收教师24人，开设师资班。当年4月3日开学，由蔡元培考验新生，并为该班编写德育、智育讲义，名曰《华工学校讲义》，亲自讲授，以便于这些师资转授华工。

德育三十篇

合 群

吾人在此讲堂，有四壁以障风尘；有案有椅，可以坐而作书。壁者，积砖而成；案与椅，则积板而成者也。使其散而为各各之砖与板，则不能有壁与案与椅之作用。又吾人皆有衣服以御寒。衣服者，积绵缕或纤毛而成者也。使其散而为各各之绵缕或纤毛，则不能有衣服之作用。又返而观吾人之身体，实积耳、目、手、足等种种官体而成。此等官体，又积无数之细胞而成。使其散而为各各之官体，又或且散而为各各之细胞，则亦焉能有视听行动之作用哉？

吾人之生活于世界也亦然。孤立而自营，则冻馁且或难免；合众人之力以营之，而幸福之生涯，文明之事业，始有可言。例如吾等工业社会，其始固一人之手工耳。集伙授徒，而出品较多。合多数之人以为大工厂，而后能适用机械，扩张利益。合多数工厂之人，组织以为工会，始能渐脱资本家之压制，而为思患预防造福将来之计。岂非合群之效与？

吾人最普通之群，始于一家。有家而后有慈幼、养老、分劳、侍疾之事。及合一乡之人以为群，而后有守望之助，学校之设。合一省或一国之人以为群，而后有便利之交通，高深之教育。使合全世界之人以为群，而有无相通，休戚与共，则虽有地力较薄、天灾偶行之所，均不难于补救，而兵战、商战之惨祸，亦得绝迹于世界矣。

[译文]

我们在这里授课的课堂，四面的墙壁可以遮风挡灰；有书桌座椅，可以坐下来读书创作。墙壁，是由砖块垒砌而成；书桌与座椅，是由木板打造而成。假如将它们拆散为单个的砖块和木板，那它们就不再有墙壁、书桌、座椅的功用。还有，我们都穿有衣服抵御寒冷。衣服，是用丝棉或纤毛织制而成的。假如将它们拆散为单一的丝棉或纤毛，那它们就不会有衣服的作用。我们再回过头来看看我们自己的身体，实际上是由耳、目、手、足等各种器官组合而成的。这些器官，又是由无数的细胞组成的。假如将它们拆散为单个的器官，并且又将这些器官拆散为单个的细胞，那么这些器官怎么能够具备人体所需要的视听行动的作用呢？

我们身处在世界上也是这样。个人单打独斗，受冻挨饿也就难以避免；融入集体联手奋斗，那样才可以谈得上幸福的生活、文明的事业。比如我们所处的工业社会，它的创始时期固然得力于一个人的手工劳作。后来结成群体力量，传授技术予徒弟，生产的产品就增多起来。集合众多工人就形成了一个大工厂的规模，然后逐渐地引用机械，通过机械化劳动提高效益。集合多数工厂的工人，组织成工会，才能逐渐摆脱资本家的欺压管制，从而思考并预防自己可能遭遇的灾患，谋划将来造福于己的大计。这些难道不是集合群体力量的效果吗？

我们这些最普通的群体，都是从一个家庭开始的。有了家庭，然后才有哺育儿女、赡养老人、分担劳作、侍候病人这类的事情。等到集合一乡村民组成一个群体，然后就有人与人之间互相关注的帮助，就有用于教育的学校设施。集合一省或一国的民众组成一个群体，然后就有便利的交通、精深的教育。假使集合全世界的人组成一个强大的群体，互通有无，休戚与共，那么即使在土地贫瘠、天灾偶发的地方，都不难扶助拯救，而且像由战争、商业竞争而引发的惨祸，也能够在这个世界上绝迹了。

舍己为群

积人而成群。群者，所以谋各人公共之利益也。然使群而危险，非群中之人出万死不顾一生之计以保群，而群将亡。则不得已而有舍己为群之义务焉。

舍己为群之理由有二：一曰，己在群中，群亡则己随之而亡。今舍己以救群，群果不亡，己亦未必亡也；即群不亡，而己先不免于亡，亦较之群己俱亡者为胜。此有己之见存者也。一曰，立于群之地位，以观群中之一人，其价值必小于众人所合之群。牺牲其一而可以济众，何惮不为？一人作如是观，则得舍己为群之一人；人人作如是观，则得舍己为群之众人。此无己之见存者也。见不同而舍己为群之决心则一。请以事实证之。一曰从军。战争，罪恶也，然或受野蛮人之攻击，而为防御之战，则不得已也。例如比之受攻于德，比人奋勇而御敌，虽死无悔，谁曰不宜？二曰革命。革命，未有不流血者也。不革命而奴隶于恶政府，则虽生犹死。故不惮流血而为之。例如法国一七八九年之革命，中国数年来之革命，其事前之鼓吹运动而被拘杀者若干人，临时奋斗而死伤者若干人，是皆基于舍己为群者也。三曰暗杀。暗杀者，革命之最简单手段也。歼魁而释从，惩一以儆百，而流血不过五步。古者如荆轲之刺秦王，近者如苏斐亚之杀俄帝尼科拉司第二，皆其例也。四曰为真理牺牲。真理者，和平之发见品也。然成为教会、君党、若贵族之所忌，则非有舍己为群之精神，不敢公言之。例如苏格拉底创新哲学，下狱而被鸩；哥白尼为新天文说，见仇于教皇；巴枯宁道无政府主义，而被囚被逐，是也。

其他如试演飞机、探险南北极之类，在今日以为敢死之事业，虽或由好奇竞胜者之所为，而亦有起于利群之动机者，得附列之。

[译文]

集合众人而组成群体。群体，是用来谋求个人所应享有的公共利益的。然而，假使群体发生危险，而群体中没有一个人敢于出来不顾自己生命安危去全力保护群体，那么，这个群体势必将灭亡。于是我们迫不得已，就有了舍己为群的义务。

舍弃自己而为群体的理由有两方面：一是自己身居群体中，如果群体灭亡，那么自己也会随之灭亡。现在能舍弃自己而勇救群体，群体果真不灭亡的话，自己也就未必会灭亡；即使是群体不灭亡，而自己事先灭亡，也比群体和自己一起灭亡要好。以上认识，包含了对个人的一些考虑。二是从群体角度来看群体中的一个人，个人的价值必定小于群体的价值。假如牺牲一个人而可以救济众人，那还有什么畏惧而不去做呢？一个人这样想，那么就会有舍弃自己而为群体的一个人；每个人都这样想，那么就会有舍弃自己而为群体的众多人。这种认识，没有包含对个人的考虑。上述两种认识，出发点虽不尽相同，但舍弃自己而为群体的决心却是一样的。不妨用事实来证明这一点。一是从军。战争本身是罪恶的，但是有时候我们受到野蛮人的无端攻击，为了自卫防身而战，这就是不得已而为之。例如二战时期比利时受到德国军队的突然攻击，比利时人奋勇抗敌，即使战死沙场也在所不惜，谁说他们不应该迎战呢？二是革命。革命没有不流血牺牲的。如果放弃革命而忍受残暴政府的奴役，那么即便活着也跟死去差不多。所以很多志士仁人不怕流血牺牲而去参加革命。例如法国一七八九年大革命，中国这些年来的革命，倡导这些革命的人在事前因各种原因而被逮捕杀害的有不少，在战争中不幸死伤的也有很多人，他们都是信守舍己为群的思想而革命的。三是暗杀。暗杀是革命最简单的手段。消灭罪魁祸首而释放从犯，杀一儆百，流血不会超过五步。古代的如荆轲行刺秦王嬴政，最近的如索菲亚暗杀俄国沙皇尼古拉二世，都是这样的例子。四是为真理而牺牲。真理体现和平的精神。然而，有时真理却被教会、君主、政党、贵族所忌讳，所以没有舍己为群的精神，就不敢公开谈论真理。例如苏格拉底对哲学进行了大胆的创新，结果被捕入狱而被杀害；哥白尼创造了新的天文学说，结果被教皇所仇视；巴枯宁主张无政府主义，结果也被囚禁、放逐。以上这些都是为真理而牺牲的典型例子。

其他的如飞机试验、南北极探险等，在今天看来，这些都是具有牺牲精神的事业，虽然有的是由好奇者和争胜者去完成的，但也包含有为了群体利益的动机，所以有必要在这里列举出来。

注意公众卫生

古谚有云："千里不唾井。"言将有千里之行，虽不复汲此井，而不敢唾之以妨人也。殷之法，弃灰于道者有刑，恐其飞扬而眯人目也。孔子曰："君子敝帷不弃，为埋马；敝盖不弃，为埋狗。"言已死之狗、马,皆埋之,勿使暴露,以播其恶臭也。盖古人之注意于公众卫生者,既如此。

今日公众卫生之设备,较古为周。诚以卫生条件,本以清洁力一义。各人所能自营者,身体之澡浴,衣服之更迭,居室之洒扫而已。使其周围之所,污水停潴,废物填委,落叶死兽之腐败者,散布于道周,传染病之霉菌,弥漫于空气,则虽人人自洁其身体、衣服及居室,而卫生之的仍不达。夫是以有公众卫生之设备。例如沟渠必在地中,溷厕必有溜水,道路之扫除,弃物之运移,有专职,有定时,传染病之治疗,有特别医院,皆所以助各人卫生之所不及也。

吾既受此公众卫生之益,则不可任意妨碍之,以自害而害人。毋唾于地;毋倾垢水于沟渠之外;毋弃掷杂物于公共之道路若川流。不幸而有传染之疾,则亟自隔离,暂绝交际。其稍重者,宁移居医院,而勿自溷于稠人广众之间。此吾人对于公众卫生之义务也。

[译文]

古谚语说:"千里不唾井。"大意是说,将要远赴千里之外,虽然不再从此井中提水,但也不敢向井中吐唾液而污染井水妨碍别人。商朝法律规定,在道路上丢弃灰土的人将受到惩罚,因为这种乱丢的行为会使尘土飞扬而迷蒙路人的眼睛。孔子说:"君子不丢弃破旧的帷帐,用它来埋马;不丢弃破旧的伞盖,用它来埋狗。"说的是及时掩埋死马死狗,不要让其尸体暴露散发恶臭。古人都是这样注意公共卫生了。

今天我们所拥有的公共卫生设备,比古人齐全多了。以卫生条件而论,本来清洁是第一位的标准。每个人所能做到的,只是洗澡、更换衣服、清扫居室而已。假如我们周围污水滞堵,垃圾堆积，腐烂的落叶和死兽散弃在地，空气中弥漫传播着传染性病菌，那么即使各人清洁身体、衣服和居室，也仍然达不到卫生环境的标准。这就是为什么要有公众卫生设备的原因。例如地面开辟有沟渠，厕所里储有流水，清扫道路，转运垃圾，都有专门的人员和固定的时间，传染病的治疗有专门的医院，这些都是解决个人在卫生方面无力应对的问题的有效手段。

我们既然享受了公共卫生带来的好处，就不能任意破坏公共卫生环境，害了自己也害了别人。不要随地吐痰；不要把污水倾倒在沟渠之外；不要随手在公共道路上丢弃杂物。如果不幸得了传染病，应立即自行隔离，暂时断绝与外界往来。其中病情较重的，必须住进医院，而不可混身于大庭广众之间。这就是我们对于公共卫生的义务。

爱护公共之建筑及器物

往者园亭之胜，花鸟之娱，有力者自营之、而自赏之也。今则有公园以供普通之游散；有植物、动物等园，以为赏鉴及研究之资。往者宏博之图书，优美之造象与绘画，历史之纪念品，远方之珍异，有力者得收藏之，而不轻以示人也。今则有藏书楼，以供公众之阅览，有各种博物院，以兴美感而助智育。且也，公园之中，大道之旁，植列树以为庇荫，陈坐具以供休憩，间亦注引清水以资饮料。是等公共之建置，皆吾人共享之利益也。

吾人既有此共同享受之利益，则即有共同爱护之义务；而所以爱护之者，当视一己之住所及器物为尤甚。以其一有损害，则爽然失望者，不止己一人已也。

是故吾人而行于道路，游于公园，则勿以花木之可爱，而轻折其枝叶；勿垢污其坐具，亦勿践踏而刻画之；勿引杖以扰猛兽，勿投石以惊鱼鸟；入藏书楼而有所诵读，若抄录，则当慎护其书，毋使稍有污损；进博物院，则一切陈列品，皆可以目视，而不可手触。有一于此，虽或幸逃典守者之目，而不遭诮让，然吾人良心上之呵责，固不能幸免矣。

[译文]

　　以前园林亭榭的胜景，花鸟虫鱼的娱乐，都是有财力的人们自己经营和玩赏的。今天我们却有公园供普通百姓游玩休闲；有植物园、动物园等，作为游赏和研究的对象。以前浩瀚的图书，优美的塑像和绘画，历史纪念品，来自远方的奇珍异宝，有财力的人得到并收藏它们，却不轻易展示给众人。今天我们却有图书馆，以供公众阅览，有各种博物馆，以培养公众的美感，增益他们的智慧。而且，公园之中，大路旁边，种植的行道树浓绿成荫，陈设座椅供路人休憩，有些地方提供清洁之水供人们饮用。这些公共设施，是我们共同享有的利益。

　　我们既然拥有这些共同享受的利益，那么就有共同爱护的义务；而且我们应当以超过对自己住家和器物的爱护程度去爱护这些公共设施。所以这些公共设施一旦有所损坏，那么不高兴而失望的，就不只是一个人了。

　　所以我们在道路上行走，在公园中游玩，不要因为花木可爱，就去随便折取；不要弄脏了座椅，也不要用脚踩踏、用手刻画；不要手持木棍去骚扰猛兽；不要乱扔石块惊吓鱼鸟；进入图书馆阅览图书，如果要抄录文章，就要谨慎地爱护图书，不要使图书受一点污损；进入博物馆，那么一切陈列品，都可以用眼去看，而不能用手去摸。如果我们有所触犯，虽然当时侥幸逃脱文物看护者的眼睛而没有遭到追究，但是我们良心上应该自责，这是绝对不能够免去的。

尽力于公益

凡吾人共同享受之利益，有共同爱护之责任，此于《注意公众卫生》及《爱护公共之建筑及器物》等篇，所既言者也。顾公益之既成者，吾人当爱之；其公益之未成者，吾人尤不得不建立之。

自昔吾国人于建桥、敷路，及义仓、义塾之属，多不待政府之经营，而相与集资以为之。近日更有独力建设学校者，如浙江之叶君澄衷，以小贩起家，晚年积资至数百万，则出其十分之一，以建设澄衷学堂。江苏之杨君锦春，以木工起家，晚年积资至十余万，则出其十分之三，以建设浦东中学校。其最著者矣。

虽然，公益之举，非必待富而后为之也。山东武君训，丐食以奉母，恨己之失学而流于乞丐也，立志积资以设一校，俾孤贫之子，得受教育，持之十余年，卒达其志。夫无业之乞丐，尚得尽力于公益，况有业者乎？

英之翰回，商人也，自奉甚俭，而勇于为善；尝造伦敦大道；又悯其国育婴院之不善，自至法兰西、荷兰诸国考察之；归而著书，述其所见，于是英之育婴院为之改良。其殁也，遗财不及二千金，悉以散诸孤贫者。英之沙伯，业织麻者也，后为炮厂书记，立志解放黑奴，尝因辩护黑奴之故，而研究民法，卒得直；又与同志设一放奴公司，黑奴之由此而被释者甚众。英之莱伯，铁工也，悯罪人之被赦者，辄因无业而再罹于罪，思有以救助之；其岁入不过百镑，悉心分配，一家衣食之用者若干，教育子女之费若干，余者用以救助被赦而无业之人。彼每日作工，自朝六时至晚六时，而以其暇时及安息日，为被赦之人谋职业。行之十年，所救助者凡三百余人。由此观之，人苟有志于公益，则无论贫富，未有不达其志者，勉之而已。

[译文]

凡有我们共同享受的利益，就有共同爱护的责任，这些在《注意公众卫生》和《爱护公共之建筑及器物》等篇章中都已经讲过了。对于已经建成的公益事业，我们应当爱护它们；那些没有建成的公益事业，我们应当全力建设。

从古代开始，我们中国人对于建桥梁、铺公路、筑粮仓、修学校这类的事情，大多不靠政府经营，而是以私人名义互相集资而完成。近来还有独立完成修建学校义举的人，如浙江的叶澄衷先生，靠小商贩起家，至晚年积累了数百万资金，于是拿出其中的十分之一，用来建设澄衷学堂。江苏的杨锦春先生，以木匠起家，晚年积累十余万资金，于是拿出其中的十分之三，用来建设浦东中学校。这两个都是最著名的例子。

虽是这样，但是公益事业并非一定要等到富有后才去做。山东的武训先生，靠乞讨来供奉生母，对自己因为贫困而失学行乞充满遗憾，于是立志筹集资金建设一所学校，以使那些孤儿和穷人家的孩子，得到应受的教育。他坚持不懈十多年，最终达成了自己的志向。像武训这样一个没有职业的乞丐，还能尽力于公益事业，何况那些有职业的人们呢？

英国人翰回，是一个商人，自己生活非常节俭，却乐善好施；他曾经铺设伦敦大道；又感觉本国的育婴院修造得不够完善，便自己赶赴法国、荷兰等国考察；回国后他著书描述途中的见闻，自此以后英国的育婴院修建得到改良。他死后，遗产不到两千英镑，全部散发给那些孤贫的人。英国的沙伯，是个织麻的工人，后来成为一个炮厂的书记员，立志于解放黑奴的事业。他曾经为了给黑奴辩护，全心研究民法，最终精通此法；他又与志同道合的人开设一个解放黑奴的公司，使大批黑奴由此获释而得以自由。英国的莱伯，是一个钢铁工人，他担心那些出狱的罪犯往往因无业而再次踏上犯罪的道路，便想对他们施以救助；他一年的收入不到一百英镑，为了救助别人，他细心地分配家庭开支，比如一家吃穿日用费用多少，教育子女的费用多少，剩余的钱就用于救助那些获释而无业的人。他每天从早上六点工作到晚上六点，剩余的闲暇时间和休息日，他就为获释的人谋求职业。这样做了十年，得到他救助的总共有三百余人。这样看来，人们如果有志于公益事业，那么无论贫富，只要勤勤恳恳认真去做，就没有达不到目标的。

己所不欲勿施于人

子贡问于孔子曰："有一言而可以终身行之者乎？"孔子曰："其恕乎：己所不欲，勿施于人。"他日，子贡曰："我不欲人之加诸我也，吾亦欲无加诸人。"举孔子所告，而申言之也。西方哲学家之言曰："人各自由，而以他人之自由为界。"其义正同。例如我有思想及言论之自由，不欲受人之干涉也，则我亦勿干涉人之思想及言论；我有保卫身体之自由，不欲受人之毁伤也，则我亦勿毁伤人之身体；我有书信秘密之自由，不欲受人之窥探也，则我亦慎勿窥人之秘密；推而我不欲受人之欺诈也，则我慎勿欺诈人；我不欲受人之侮慢也，则我亦慎勿侮慢人。事无大小，一以贯之。

顾我与人之交际，不但有消极之戒律，而又有积极之行为。使由前者而下一转语曰："以己所欲施于人。"其可乎？曰是不尽然。人之所欲，偶有因遗传及习染之不善，而不轨于正者。使一切施之于人，则亦或无益而有损。例如腐败之官僚，喜受属吏之谄媚也，而因以谄媚于上官，可乎？迷信之乡愚，好听教士之附会也，而因以附会于亲族，可乎？至于人所不欲，虽亦间有谬误，如恶闻、直言之类，然使充不欲勿施之义，不敢以直言进人，可以婉言代之，亦未为害也。

且积极之行为，孔子固亦言之曰："己欲立而立人，己欲达而达人。"立者，立身也；达者，道可行于人也。言所施必以立达为界，言所勿施则以己所不欲概括之，诚终身行之而无弊者矣。

[译文]

子贡问孔子："有没有可以一辈子奉行的一句话啊？"孔子说："有啊，那就是宽恕啊。自己不想要的，就不要施加给别人。"又一天，子贡说："我不想让别人施予我什么，我也不想施予别人什么。"这是他依据孔子告诫的话而引申出的言论。西方的哲学家说："人人都有自由，而以不干涉他人的自由为界限。"上述言论的含义都是一致的。例如我有思想和言论的自由，不想受别人的干涉，那么我也不干涉别人的思想和言论；我有保护身体的自由，不想受别人的伤害，那么我也不伤害别人的身体；我有通信隐私的自由，不想受到别人的暗中窥探，那么我也谨慎地不窥探别人的私密；由此推而广之，我不想被别人欺骗，那么我也谨慎地不欺骗别人；我不想受到别人的欺侮怠慢，那么我也谨慎地不欺侮怠慢别人。事情无论大小，其中的做法都是一样的。

看看自己与他人的交往，不仅有消极的戒律，也有积极的行为。假使由前面孔子的那句话，转而引申为"自己想要的，就施加给别人"这句话,可以吗?回答是不完全这样。人们的欲望,有时会因为遗传和环境的不良影响,而不合乎正道。如果把自己想要的所有东西全都施加给别人,那么可能不会有好处,反而有坏处。例如腐败的官僚,喜欢下属的阿谀奉承,于是也像下属一样对上司阿谀奉承,可以吗?迷信的乡民,喜欢听传教士的乱说,于是也像传教士一样向亲属们乱说一通,可以吗?至于说到自己不想要的而不施加给别人,虽然有时也出现错误,如对不好的声名、直白的谏言之类,就不能自己不想要而不施加给别人,但如果按照"不欲勿施"的意思,不以直言规劝,而是以委婉之言代替,也未必就不对。

况且对于积极的行为,孔子固然也评说过:"自己想要立业,就要让别人立业;自己想要成功,就要让别人成功。"立,就是在社会上站稳脚跟;达,就是行路通畅。所以说施加给别人的,一定要以"立达"为基本原则;不施加给别人的,就以自己不想要的来概括。如果一个人终身都是这样行事的话,那么他就没什么弊端了。

责己重而责人轻

孔子曰:"躬自厚,而薄责于人,则远怨矣。"韩退之义申明之曰:"古之君子,其责己也重以周,其待人也轻以约。重以周,故不怠;轻以约,故人乐为善。"其足以反证此义者,孟子言父子责善之非,而述人子之言曰:"夫子教我以正,夫子未出于正也。"原伯及先且居皆以效尤为罪咎。椒举曰:"唯无瑕者,可以戮人。"皆言责人而不责己之非也。

准人我平等之义,似乎责己重者,责人亦可以重,责人轻者,责己亦可以轻。例如多闻见者笑人固陋,有能力者斥人无用，意以为我既能之，彼何以不能也。又如怙过饰非者，每喜以他人同类之过失以自解，意以为人既为之，我何独不可为也。不知人我固当平等，而既有主观、客观之别，则观察之明晦，显有差池，而责备之度，亦不能不随之而进退。盖人之行为，常含有多数之原因：如遗传之品性，渐染之习惯，薰受之教育，拘牵之境遇，压迫之外缘，激刺之感情，皆有左右行为之势力。行之也为我，则一切原因，皆反省而可得。即使当局易迷，而事后必能审定。既得其因，则迁善改过之为，在此可以致力：其为前定之品性、习惯，及教育所驯致耶，将何以矫正之；其为境遇、外缘，及感情所逼成耶，将何以调节之。既往不可追，我固自怨自艾；而苟有不得已之故，决不虑我之不肯自谅。其在将来，则操纵之权在我，我何馁焉？至于他人，则其驯致与迫成之因，决非我所能深悉。使我任举推得之一因，而严加责备，宁有当乎？况人人各自有其重责之机会，我又何必越俎而代之？故责己重而责人轻，乃不失平等之真意，否则，迹若平而转为不平之尤矣。

[译文]

孔子说："严格要求自己，而少去责怪别人，那么就可以远离抱怨了。"韩愈对此又作解释："古代的君子，对自己的要求严格而又周全，对别人的要求宽松而又简约。严格而又周全，所以不会懈怠；宽松而又简约，所以人们乐于做善事。"我们还能用反面例子来说明这个意思，孟子在说到父子互相劝勉从善的时候，转述做儿子的话说："您教我要走正道，可是您自己却没有走正道。"原伯和先且居都认为仿效坏人的言行是罪恶。椒举说："只有言行端正的人，才可以随意指责别人。"这些都是说只责怪别人而不责怪自己的错误。

按照人人平等的原则，似乎对自己严格要求，也可以对别人严格要求，对别人要求宽松，也可以对自己要求宽松。例如见多识广的人嘲笑别人孤陋寡闻，有能力的人斥责别人无用，认为既然我自己都能做，为什么你就不能做。又比如掩饰自己错误的人，往往喜欢用他人的同样错误来为自己辩解，认为既然你都这样做了，为什么我就不能做。有这种想法的人，不知道我与别人固然是平等的，但是，既然有主观、客观的区别，那么观察事物能力的大小，很明显会有差别，于是责备的程度，也不能不随之变化、因人而异。人们的行为，常常包含了很多原因，如遗传的品性，陶冶的习惯，接受的教育，遭受的境遇，外界的压迫，情感的刺激，等等，都有影响人们行为的力量。行为既然为我所为，那么一切行为的原因，都可以通过自我反省而得到解释。即使是行为当事人容易迷惑，但事情过后一定会弄明白。如果知道了行为的原因，那么改邪归正，就可以通过以下方面的努力达到：那些因为从前的品性、习惯和不良的教育等所导致的错误，将怎样去进行纠正；那些因为人生遭遇、外界因素和情感刺激而被迫形成的错误，将如何去进行调节。过去的东西不可能再追回来，我自然会自己抱怨自己；但是如果有迫不得已的原因，那就应该自己原谅自己。未来的日子，操纵行为的权力在我自己手中，我为什么从此气馁呢？至于别人，对于他们所受的教育及外界客观原因，绝不可能是我自己所能深刻理解的。假如由我随意去推测他们行为的原因，并由此去对别人妄加责备，这样恰当吗？何况人人都有自我严格要求的机会，我又何必去做不属于自己职权范围内的事情呢？所以对自己要求严格而对别人要求宽松，这样才不违背人人平等原则的真谛。否则，表面上看似平等，实际上却非常不平等。

勿畏强而侮弱

烝民之诗曰:"人亦有言:柔则茹之,刚则吐之。维仲山甫,柔亦不茹,刚亦不吐。不侮矜寡,不畏强御。"人类之交际,彼此平等;而古人乃以食物之茹、吐为比例,甚非正当;此仲山甫之所以反之,而自持其不侮弱、不畏强之义务也。

畏强与侮弱,其事虽有施受之殊,其作用亦有消极与积极之别。然无论何一方面,皆蔽于强弱不容平等之谬见。盖我之畏强,以为我弱于彼,不敢与之平等也。则见有弱于我者,自然以彼为不敢与我平等而侮之。又我之侮弱,以为我强于彼,不必与彼平等也,则见有强于我者,自然以彼为不必与我平等而畏之。迹若异而心则同。矫其一,则其他自随之而去矣。

我国壮侠义之行有曰:"路见不平,拔刀相助。"言见有以强侮弱之事,则亟助弱者以抗强者也。夫强者尚未浼我,而我且进与之抗,则岂其浼我而转畏之;弱者与我无涉,而我且即而相助,则岂其近我而转侮之?彼拔刀相助之举,虽曰属之侠义,而抱不平之心,则人所皆有。吾人苟能扩充此心,则畏强侮弱之恶念,自无自而萌芽焉。

[译文]

《诗经·烝民》中说:"人们常说:柔软的东西就吞下去,刚硬的东西就吐出来。只有仲山甫柔软的东西不吞下去,刚硬的东西不吐出来,不欺负孤独无助的人,不害怕强权暴力的人。"人际交往,互相平等;古人用食物的吞、吐对此做比喻,很不恰当;这个仲山甫之所以与一般人的行为不一样,是因为他自己坚持履行不欺软怕硬的义务。

惧怕强暴和欺负弱小，这两件事的主体虽然有施加与承受的分别，其作用也有积极与消极的区别。但无论任何一方，都受到了强弱不能平等的错误观念的蒙蔽。我畏惧强者，认为自己比强者弱，所以不敢和他抗衡；于是遇到比自己弱的人，自然就会认为对方不敢与我抗衡便去欺负他。还有我欺负弱者，认为我自己强于对方，没有必要与对方平起平坐，于是遇到强于我的人，自然会以为对方不想与我平等，所以畏惧他。上述现象表面上看似不同，而实际内心想法一致。纠正其中一种，另一种现象自然随之消失。

我们在称赞侠义的行为时说："路见不平，拔刀相助。"说的是，看到恃强凌弱的行为，就应当立即帮助弱者以抗击强暴。强者还没有侵犯我，而我就已经主动上前与之抗争，那他就会因我的抗争由侵犯我转为害怕我；弱者与我素不相识，而我却主动上前鼎力相助，那他就会与我同仇敌忾而摆脱受欺负的境遇。那种拔刀相助的举动，虽然我们称其为侠义之举，并且胸怀打抱不平之善心，但却是人人所共有的一种精神。我们如果能发扬光大这种精神，那么惧强欺弱的不好念头，自然就没有萌发的条件了。

爱护弱者

前于《勿畏强而侮弱》说，既言抱不平理。此对于强、弱有冲突时而言也。实则吾人对于弱者，无论何时，常有恻然不安之感想。盖人类心理，以平为安，见有弱于我者，辄感天然之不平，而欲以人力平之。损有余以益不足，此即爱护弱者之原理也。

在进化较浅之动物，已有实行此事者。例如秘鲁之野羊，结队旅行，遇有猎者，则羊之壮而强者，即停足而当保护之冲，俟全队毕过，而后殿之以行。鼠类或以食物饷其同类之瞽者。印度之小鸟，于其同类之瞽者、受伤者，皆以时赡养之。曾是进化之深如人类，而羊、鼠、小鸟之不如乎？今日普通之人，于舟车登降之际，遇有废疾者，辄为让步，且值其艰于登降而扶持之。坐车中或妇女至而无空座，则起而让之；见其所携之物，有较繁重者，辄为传递而安顿。此皆爱护弱者之一例也。

航行大海之船，猝遇不幸，例必以救生之小舟，先载妇孺。俟有余地，男子始得而占之。其有不明理之男子，敢与妇孺争先者，虽枪毙之，而不为忍。为爱护弱者计，急不暇择故也。

战争之不免杀人，无可如何也。然已降及受伤之士卒，敌国之妇孺，例不得加以残害。德国之飞艇及潜水艇，所加害者众矣；而舆论攻击，尤以其加害于妇孺为口实。亦可以见爱护弱者，为人类之公意焉。

[译文]

在前篇《勿畏强而侮弱》一文中，我已经讲了打抱不平的道理．这是针对强、弱互相冲突时所说的。实际上我们对于弱者，常常有恻隐之情和不安的心理。人心都是以平等为安心，看见有比我弱的人，就感到上天对人的不公平，于是想以人力促成人与人之间的平等。减少富余弥补不足，以达到平等，这就是爱护弱者的原理。

进化程度低的动物，都有爱护弱者的行为。例如秘鲁的野羊，结队而行，遇到袭击羊群的猎人，身体强壮的羊挺身而出，止步保护羊群前行，待所有的羊安全经过后，才押后而行。鼠类动物中有的把食物分给双目失明的同伴。印度有一种小鸟，对于双目失明或受伤的同伴，都按时给予赡养。进化程度高的人类，难道就不如羊、鼠和小鸟吗？今天的普通人，在上下车船的时候，遇到身体残疾的人，马上为他让路，并在他们上下车船不方便时及时施以援手。乘车中有时遇上妇女上车没有座位，就起身给她们让座；看见她们携带重物，就为她们传递安放。这些都是爱护弱者的例子。

大海中航船，遇上不幸，按惯例都是先用救生舟将妇女儿童运载至安全地带。等到有空船了，男子才能够登上。如果有不讲道理的男子，为了逃生敢与妇女儿童争抢位子，即便是现场枪毙了他们，也不为过。这是为了爱护弱者，情急之下不择手段的缘故。

战争避免不了要杀人，这是没有办法的事。然而已经投降和受伤的士兵，交战国的妇女儿童，按照惯例不得对他们加以残害。德国的飞艇和潜水艇，在一战时加害于无辜的妇女儿童不在少数；而舆论对德军的口诛笔伐，尤其是把他们加害于妇女儿童作为重要证据。这也可以看出，爱护弱者，是人类共同的意愿。

爱　物

孟子有言："亲亲而仁民，仁民而爱物。"人苟有亲仁之心，未有不推以及物者，故曰："君子之于禽兽也：见其生，不忍见其死，闻其声，不忍食其肉。"孟孙猎，得麑，使秦西巴载之，持归，其母随之，秦西巴弗忍而与之。孟孙大怒，逐之。居三月。复召以为子傅，曰："夫不忍于麑，又且忍于儿乎？"可以证爱人之心，通于爱物，古人已公认之。自近世科学进步，所以诱导爱物之心者益甚。其略如下：

一、古人多持"神造动物以供人用"之说。齐田氏祖于庭，食客千人。中有献鱼雁者。田氏视之，乃叹曰："天之于民厚矣！殖五谷，生鱼鸟，以为之用。"众客和之如响。鲍氏之子，年十二，预于次，进曰："不如君言。天地万物，与我并生，类也。类无贵贱，徒以大小智力而相制，迭相食，非相为而生之。人取可食者而食之，岂天本为人生之？且蚊蚋噆肤，虎狼食肉，岂天本为蚊蚋生人，虎狼生肉者哉？"鲍氏之言进矣。自有生物进化学，而知人为各种动物之进化者，彼此出于同祖，不过族属较疏耳。

二、古人又持"动物唯有知觉，人类独有灵魂"之说。自生理学进步，而知所谓灵魂者，不外意识之总体。又自动物心理学进步，而能言之狗，知算之马，次第发现，亦知动物意识，固亦犹人，特程度较低而已。

三、古人助力之具，唯赖动物；竭其力而犹以为未足，则恒以鞭策叱咤临之，故爱物之心，常为利己心所抑沮。自机械繁兴，转运工业，耕耘之工，向之利用动物者，渐以机械代之。则虐使动物之举，为之渐减。

四、古人食肉为养生之主要。自卫生发见肉食之害，不特为微生虫之传导，且其强死之时，发生一种毒性，有妨于食之者。于是蔬食主义渐行，而屠兽之场可望其日渐淘汰矣。

方今爱护动物之会，流行渐广，而屠猎之举，一时未能绝迹；然授之以渐，必有足以完爱物之量者。昔晋翟庄耕而后食，唯以弋钓为事，及长不复猎。或问："渔猎同是害生之事，先生只去其一，何哉？"庄曰："猎是我，钓是物，未能顿尽，故先节其甚者。"晚节亦不复钓。全世界爱物心之普及，亦必如翟庄之渐进，无可疑也。

[译文]

孟子曾经说过:"对亲人亲近就会对百姓仁爱,对百姓仁爱就会爱惜万物。"人们如果有亲近和仁爱的善心,就会由此将善心推及万物。所以说:"君子面对家禽和野兽,看到它们活蹦乱跳的,就不忍心看到它们死去;听到它们的叫声,就不忍心吃它们的肉。"孟孙打猎时,猎获了一只小鹿,让秦西巴用车拉回去。小鹿的母亲一直随车跟着,秦西巴不忍心,把小鹿放回母亲身边。孟孙得知后大为愤怒,赶走了秦西巴。过了三个月,孟孙又把秦西巴召回,请他做自己儿子的老师。他对人说:"他连小鹿都不忍心加害,又怎么会加害于小孩呢?"这足以说明爱人之心与爱物之心是相通的,古人早已公认了。近代以来,随着科学的进步,能够引导人们养成爱护万物习惯的观点和方法也更多了。大体如下:

一、古人多持有"神创造动物供人享用"的观点。齐国田氏在庭院中祭祖,食客有一千人。来的食客中有献鱼和大雁的。田氏看到鱼雁后,感叹道:"上天对人类太好了!生长出五谷和鱼鸟供他们享用。"宾客们都大声地附和他。鲍氏的儿子,十二岁,坐在次席上,上前说道:"事情并不是您说的那样。天地万物,和我们一起生长,只是种类不同而已。种类没有贵贱之分,只是以大小和智力等因素相互制约,相互之间取另外的种类为自己的所食之物,而不是为对方而生存。人类取自己可以吃的东西而食,哪里是上天对人类的赐予?况且蚊子刺入人的皮肤吸血,虎狼吃肉,难道是上天为蚊子的生存而创造人,为虎狼的生存而创造肉?"姓鲍的这个小孩说的话够先进的。自从生物进化的学说诞生以来,我们已经认识到人类都是由别的动物进化而来的,彼此同属于一个祖先,只不过各自的种类关系比较疏远罢了。

二、古人又持有"动物只有知觉，只有人类才有灵魂"的观点。随着生理学的进一步发展，人们知道了所谓的灵魂，不过是思想意识的总和。后来随着动物心理学的进一步发展，又先后发现了能说话的狗、会算数的马，于是我们又知道动物的意识，本来就和人类一样，只不过与人类相比程度较低而已。

三、古代替人助力的工具，只是依赖动物；在耗尽动物的力气后却还嫌其没有用尽全力，于是驱使的人便不断地用鞭子抽打呵斥它们，这样爱物之心就常被利己之心所抑制。自从机器制造业繁盛以来，运输和耕作这些长期以来利用动物的工作，逐渐被先进的机器所替代。于是虐待使用动物的行为就渐渐地减少了。

四、古人把吃肉当作养生的主要手段。现在卫生科学发现了吃肉的害处，肉食不仅仅传播微生物，而且微生物死亡的时候，会产生一种病毒，有害于吃肉的人。因此放弃食肉的素食主义逐渐流行开来，屠宰场将来有望渐渐消失。

现在保护动物的组织越来越多起来，但屠宰和捕猎动物的行为，却一时间没能绝迹；然而对这种行为进行循序渐进的教育，一定能使人们养成爱护万物的宽怀大量。古代晋国的翟庄，耕作之后才吃饭，平常只以打猎钓鱼为乐事，年老后他却不再打猎。有人问他："钓鱼和打猎都是戮杀生命的行为，您只去掉打猎一项，这是为什么呢？"翟庄说："打猎是我主动下手，钓鱼是鱼被引诱上钩，这两种行为我不能一下子全部戒掉，所以先戒掉对生命伤害最严重的打猎。"翟庄从此后晚年再也不钓鱼了。可以预见，全人类爱物之善心也必将像翟庄一样逐渐推广普及，这是毫无疑问的。

戒失信

失信之别有二：曰食言，曰愆期。

食言之失，有原于变计者，如晋文公伐原，命三日之粮，原不降，命去之。谍出曰："原将降矣。"军吏曰："请待之。"是也。有原于善忘者，如卫献公戒孙文子、宁惠子食，日旰不召，而射鸿于囿，是也。有原于轻诺者，如老子所谓"轻诺必寡信"是也。然晋文公闻军吏之言而答之曰："得原失信，将焉用之？"见变计之不可也。魏文侯与群臣饮酒乐，而天雨，命驾，将适野。左右曰："今日饮酒乐，天又雨，君将安之？"文侯曰："吾与虞人期猎，虽乐，岂可无一会期哉？"乃往身自罢之，不敢忘约也。楚人谚曰："得黄金百，不如得季布诺。"言季布不轻诺，诺则必践也。

愆期之失，有先期者，有后期者，有待人者，有见待于人者。汉郭伋行部，到西河美稷，有童儿数百，各骑竹马，道次迎拜。及事讫，诸儿复送至郭外，问使君何日当还。伋计日告之。行部既还，先期一日，伋谓违信于诸儿，遂止于野，及期乃入。明不当先期也。汉陈太丘与友期行日中，过中不至。太丘舍去。去后乃至。元方时七岁，戏门外。客问元方："尊君在否？"答曰："待君久不至，已去。"友人便怒曰："非人哉，与人期行，相委而去。"元方曰："君与家君期，日中不至，则是失信。"友人惭。明不可后期也。唐肖至忠少与友期诸路。会雨雪。人引避。至忠曰："岂有与人期，可以失信？"友至，乃去。众叹服。待人不愆期也。吴卓恕为人笃信，言不宿诺，与人期约，虽暴风疾雨冰雪无不至。尝从建业还家，辞诸葛恪。恪问何时当复来。恕对曰："某日当复亲觐。"至是日，恪欲为主人，停不饮食,以须恕至。时宾客会者,皆以为会稽、建业相去千里,道阻江湖,风波难必,岂得如期。恕至,一座皆惊。见待于人而不愆期也。

夫人与人之关系,所以能预计将来,而一一不失其秩序者,恃有约言。约而不践,则秩序为之紊乱,而猜疑之心滋矣。愆期之失,虽若轻于食言,然足以耗光阴而丧信用,亦不可不亟戒之。

[译文]

不讲信用的行为有两种:说话不算数和不遵守时间。

说话不算数的过失,有的是缘于计划的临时更改,如晋文公讨伐原国,事先命令将士准备三天的粮草,只攻打三天,没想到原国坚守拒降,三天后晋文公命令退军。这时派去的间谍跑来说:"原国将要投降了。"军官们劝阻说:"请等一下再撤军吧。"军官们的言行就是自食其言。有的是缘于遇事健忘,如卫献公请孙文子、宁惠子吃饭,天色很晚了他还在花园中射大雁,却忘记请吃之事,一直没有召见孙文子和宁惠子。这也是属于说话不算数的例子。有的是缘于草率地许诺,如老子所说的"轻易许诺的人肯定很少守信用"就是这种情况。但是守信的晋文公听到军官们的劝说,却回答:"得到原国而失去信用,那又有什么用呢?"由此可见临时变更计划也是不可取的。魏文侯计划与群臣设宴饮酒作乐,偏遇下雨,他便命令将车驾到野外。身边的人说:"今天饮酒作乐,而天又下雨,您看怎么办呢?"魏文侯说:"我与虞人约好打猎,虽是娱乐之事,但怎么能不遵守约会的时间呢?"于是他亲自向虞人说明情况解除约定,却不敢私自毁约。楚人有谚语说:"得到一百两黄金,还不如得到季布的许诺值钱。"这是说季布不轻易许诺,如果向别人许诺过,就一定会兑现诺言。

不遵守时间的过失，有提前的，有延后的，有等待别人的，有被别人等待的。汉代的郭伋出行，到了西河美稷，有几百个儿童，各自骑着竹马，在道路旁边迎接候拜。事情结束后，那些儿童们又将郭伋送到城外，问他什么时候回来。郭伋计算好日期告诉了他们。郭伋回来后，发现比原先告诉儿童们的归期早了一天，他觉得这样违背了与儿童们的时间约定，便在野外留宿，到了约定的时间才进城。郭伋以此行为表明不应当先于预期的时间而失信。汉代的陈太丘与朋友约定中午外出，没想到过了中午朋友还没有如约前来。陈太丘只得先走。陈太丘走后不久，他的朋友就来了。陈太丘的儿子陈元方时年七岁，当时正在门外玩耍。姗姗来迟的那位朋友问陈元方："你父亲在家吗？"陈元方回答说："我父亲等您很久您都没有来，他已经走了。"那位朋友便生气地说："这人不地道，和别人约好了一起出行，却丢下别人自个儿走了。"陈元方说："您和我父亲约好了时间，到了中午还不来，这是不守信用。"那位朋友自觉很惭愧。这件事说明与人相约不能延期。唐代的肖至忠年轻时与朋友相约在路上相见，正好赶上雨雪天气。路上雨雪大，别人劝他回避一下，而他却说："哪能与别人约好了，却因为天气原因而与别人失约呢？"朋友来了，他才离去。众人对他这种守约行为非常赞叹。吴国的卓恕为人诚恳守信，从不失信于人，与别人相约，即使遇上暴风骤雨、冰天雪地也如期赴约。有一次，他从建业回家，向诸葛恪辞别。诸葛恪问他什么时候返回，他回答道："某天要再来亲自拜访您。"到了卓恕约定的这一天，诸葛恪想尽东道之谊，大宴宾客，为了等卓恕前来，宴席暂停。当时赴会的宾客们，都以为会稽、建业两地相隔千里之遥，江河险阻，路有不测，卓恕哪能按时前来。没想到卓恕按时赴约，满座的人都非常惊讶。由此可见人际交往也不能不守时间。

人与人之间的关系，之所以能预见将来，而不会乱了秩序，是因为有事先的约定。有约定而不遵守，那么秩序就被打乱，人与人之间猜疑之心便会产生。不守时的过失，虽然比说话不讲信用轻些，然而这种情形足可以消耗时间、丧失信用，也是必须马上禁止的。

戒狎侮

人类本平等也。而或乃自尊而卑人，于是有狎侮。如王曾与杨亿同为侍从。亿善谈谑，凡寮友无所不狎侮，至与曾言，则曰："吾不敢与戏。"非以自曾以外，皆其所卑视故耶？人类有同情也。而或者乃致人于不快以为快，于是狎侮。如王风使人蒙虎皮，怖其参军陆英俊几死，因大笑为乐是也。夫吾人以一时轻忽之故，而致违平等之义，失同情之真，又岂得不戒之乎？

古人常有因狎侮而得祸者。如许攸恃功骄慢，尝于聚坐中呼曹操小字曰："某甲，卿非吾不得冀州也。"操笑曰："汝言是也。"然内不乐，后竟杀之。又如严武以世旧待杜甫甚厚，亲诣其家，甫见之，或时不巾，而性褊躁，常醉登武床，瞪视曰："严挺之乃有此儿。"武衔之。一日欲杀甫，左右白其母，救得止。夫操、武以不堪狎侮而杀人，固为残暴；然许攸、杜甫，独非自取其咎乎？

历史中有以狎侮而启国际间之战争者。春秋时，晋郤克与鲁臧、孙许同时而聘于齐，齐君之母肖同侄子，踊于踏而窥客，则客或跛或眇。于是使跛者迓跛者，眇者迓眇者，肖同侄子笑之，闻于客。二大夫归，相与率师为鞍大战。齐师大败。盖狎侮之祸如此。

其狎侮人而不受何种之恶报者，亦非无之。如唐高固久在散位，数为侪类所轻笑，及被任为邠宁节度使，众多惧。固一释不问。宋孙文懿公，眉州人，少时家贫，欲赴试京师，自诣县判状。尉李昭言戏之曰："似君人物来试京师者有几？"文懿以第三登第，后判审官院。李昭言者，赴调见文懿，恐甚，意其不忘前日之言也。文懿特差昭言知眉州。如斯之类，受狎侮者诚为大度，而施者已不胜其恐惧矣。然则何乐而为之乎？

是故按之理论，验之事实，狎侮之不可不戒也甚明。

[译文]

人与人之间本是平等的。但有的人却自高自大瞧不起别人，于是便有侮辱别人的言行。比如王曾与杨亿都做过别人的侍从。杨亿很幽默健谈，凡是他的同事好友他都要取笑嘲弄。至于说到王曾，他却说："我不敢和他开玩笑。"难道是除了王曾，其余的人都是杨亿所瞧不起的吗？其实人类是富有同情心的。但有些人却以使别人不快乐为快乐，于是就嘲弄取笑别人。比如王风让别人蒙上虎皮假扮老虎，几乎把他的参军陆英俊吓死，而他自己事后却开怀大笑以为乐事，就是这种情况。我们因为一时疏忽大意，而导致违背了人类平等的原则，丧失了同情别人的真心，这又怎么能不引以为戒呢？

古人常常有因为嘲弄别人而惹祸的。如许攸自恃功高而傲慢待人，曾经在围坐的众人中直呼曹操的乳名说："阿瞒，如果不是我的倾力相助，你恐怕得不到冀州。"曹操笑着说："你说的是。"然而曹操内心不爽，后来找个理由竟把许攸杀掉了。又比如严武因为与杜甫家是世交，待杜甫很好，亲自到杜家拜访杜甫。杜甫见严武不合时尚，性格暴躁，便常常酒醉后爬上严武的床,瞪着严武说:"严挺之竟然有这样的儿子。"严武便怀恨在心。后来有一天,严武想杀掉杜甫,幸好周围的人及时发觉告诉了杜甫的母亲,杜甫才得以获救。曹操、严武都是因为不能忍受别人的侮辱而杀人,这种行为固然很残暴;但许攸、杜甫难道不是咎由自取吗?

历史上有因为嘲弄取笑而直接导致两国开战的。春秋时期,晋国的郤克与鲁臧、孙许同时出访齐国,齐君的母亲肖和她的侄子踮起脚来偷看来访的使君,使君中有的是瘸子、有的是瞎子。于是齐国安排瘸子接待瘸子,瞎子接待瞎子,肖和她的侄子见此情形便笑了起来,不想被使君听到了。晋国这两个出使的大夫回国后,便一起率领军队和齐国在鞌大战。结果齐国军队惨遭大败。这就是因为嘲弄侮辱别人而招致的国祸。

那些嘲弄侮辱别人却没有遭到恶报的,也不是没有。如唐朝的高固,很长时间官居闲散的位置上,多次被同伴嘲讽取笑,等到他被任命为邠宁节度使,那些先前嘲笑他的人多数害怕起来。然而高固一概不计前嫌。宋朝的孙文懿,眉州人,年轻时家里很穷,想去京城参加科举考试,自己到县衙开取推荐文书。县尉李昭言对他开玩笑说:"像你这种人去京城赶考的有几个?"没想到最终孙文懿以第三名的成绩金榜题名,后来到审官院任职。那个叫李昭言的,因有调任奉命去拜见孙文懿,心里非常害怕,以为孙文懿不会忘记自己先前调笑他的话。哪知孙文懿特意差遣李昭言去做眉州知州。像这类情况,受嘲弄侮辱的人固然豁达大度,但嘲弄侮辱别人的人却整天担惊受怕。既然如此,那么当初何苦那样乐意于做嘲弄侮辱别人的事呢?

所以,无论从道理上讲,还是以事实来检验,嘲弄侮辱别人的言行都不能不禁止,这是很清楚的。

戒谤毁

人皆有是非之心：是曰是，非曰非，宜也。人皆有善善恶恶之情：善者善之，恶者恶之，宜也。唯是一事之是非，一人之善恶，其关系至为复杂，吾人一时之判断，常不能据为定评。吾之所评为是、为善，而或未当也，其害尚小。吾之所评为非、为恶，而或不当，则其害甚大。是以吾人之论人也，苟非公益之所关，责任之所在，恒扬其是与善者，而隐其非与恶者。即不能隐，则见为非而非之，见为恶而恶之，其亦可矣。若本无所谓非与恶，而我虚构之，或其非与恶之程度本浅，而我深文周纳之，则谓之谤毁。谤毁者，吾人所当戒也。

吾人试一究谤毁之动机，果何在乎？将忌其人名誉乎？抑以其人之失意为有利于我乎？抑以其人与我有宿怨，而以是中伤之乎？凡若此者，皆问之良心，无一而可者也。凡毁谤人者，常不能害人，而适以自害。汉申咸毁薛宣不孝，宣子况赇客杨明遮斫咸于宫门外。中丞议不以凡斗论，宜弃市。朝廷直以为遇人，不以义而见疻者，宜与疻人同罪，竟减死。今日文明国法律，或无故而毁人名誉，则被毁者得为赔偿损失之要求，足以证谤毁者之适以自害矣。

古之被谤毁者，亦多持不校之义，所谓止谤莫如自修也。汉班超在西域，卫尉李邑上书，陈西域之功不可成，又盛毁超。章帝怒，切责邑，令诣超受节度。超即遣邑将乌孙侍子还京师。徐干谓超曰："邑前亲毁君，欲败西域，今何不缘诏书留之，更遣他吏送侍子乎？"超曰："以邑毁超，故今遣之。内省不疚。何恤人言？"北齐崔暹言文襄宜亲重邢劭。劭不知，顾时毁暹。文襄不悦，谓暹曰："卿说子才（劭字子才）长，子才专言卿短。此痴人耳。"逞曰:"皆是实事。不为痴也。"皆其例也。虽然,受而不校,固不失为盛德;而自施者一方面观之,不更将无地自容耶?吾人不必问受者之为何如人,而不可不以施为戒。

[译文]

  人人都有是非判别的心理:对的就说对,错的就说错,这是应该的。人人都有赞好、憎恶的情感:善待好的,憎恶坏的,这也是应该的。只是一件事情的是与非,一个人的善与恶,其中的关系很复杂,我们一时的判断,往往不能作为定论。我们所作出的判断是正确的、善的,但有时并不恰当,这种不恰当的判断所造成的害处不会很大。而我们所作出的判断是错误的、恶的,如果不恰当,那么它的害处就会很大。所以我们评判一个人,只要不是关系到公共利益和社会责任,就应该坚持宣扬他的对与善的地方,而掩盖他的错与恶的地方。即使不能掩盖,那么发现他的错误之处就予以否定,发现他的恶处就予以责罚,这也是可以的。如果一个人本身没有什么错与恶,而是我为他凭空虚构的,或者这个人错与恶的程度并不严重,而是我对他故意夸大其词,那就是对他的诽谤。诽谤,是我们应当禁止的。

  我们试着来探究一下诽谤的动机到底是什么呢?是嫉妒别人的名誉吗?还是以为别人的失意对自己有利?还是别人与自己有宿怨,便以诽谤来中伤别人?所有这些,我们不妨叩问自己的良心,没有一个是可以做的。凡是诽谤别人的人,常常害不了别人,到头来却自己害自己。汉代申咸诽谤薛宣不孝道,薛宣儿子薛况的门客杨明,在官门外打伤了申咸。御史中丞认为这件事不能以平民百姓间的争斗来定论,要把薛况处以死刑。但朝廷大臣以为,申咸是因为没有以正直之心去对待别人而遭到报复,他应该与施加报复的人同罪论处,最后薛况竟被免除死罪。今天文明国家的法律明文规定，如果有人无缘无故毁坏别人名誉，那么受毁者有权要求对方给予赔偿，这足以证明诽谤者刚好自己害自己。

古时那些被诽谤的人，大都也采取不申辩的态度，这就是人们所说的，阻止别人的诽谤最好的方法莫过于首先加强自身修养。汉代的班超受命出使西域，卫尉李邑向皇帝上书，陈述班超经营西域的事业不可能成功，又极力诋毁班超，汉章帝大为愤怒，严厉斥责李邑，命令他到班超那里去接受调遣。班超就派遣李邑带领乌孙国的侍子回到京城。徐干对班超说："李邑先前诽谤您，想破坏您经营西域的功业，现在您为什么不依据皇帝诏书把他留在西域，另派他人去送乌孙国的侍子呢？"班超说："正是因为李邑先前诽谤了我，所以今天才派他回京城。我内心自省没有愧疚，何必怕别人的议论呢？"北齐崔暹劝文襄帝高澄亲近信赖邢劭。邢劭不知道这件事，却瞅准机会不时地在文襄帝面前诋毁崔暹。文襄帝很不高兴，对崔暹说："你说邢劭的优点，而邢劭却专门挑你的缺点。邢劭真是个糊涂人啊。"崔暹说："这些都是事实。邢劭其实不糊涂。"这些都是很好的例子。虽然自己受到别人的诽谤却不申辩，品德固然高尚；但从诽谤者的角度来看，他们不是更加无地自容了吗？我们没有必要追问受到诽谤的是些什么人，但不能不劝诫和杜绝诽谤的言行。

戒骂詈

吾国人最易患之过失，其骂詈乎？素不相识之人，于无意之中，偶相触迕，或驱车负担之时，小不经意，彼此相撞，可以互相谢过了之者，辄矢口骂詈，经时不休。又或朋友戚族之间，论事不合，辄以骂詈继之。或斥以畜类，或辱其家族。此北自幽燕，南至吴粤，大略相等者也。

夫均是人也，而忽以畜类相斥，此何义乎？据生物进化史，人类不过哺乳动物之较为进化者；而爬虫实哺乳动物之祖先。故二十八日之人胎，与日数相等之狗胎、龟胎，甚为类似。然则斥以畜类，其程度较低之义耶？而普通之人，所见初不如是。汉刘宽尝坐有客，遣苍头沽酒。迟久之。大醉而还。客不堪之，骂曰："畜产。"宽须臾，遣人视奴，疑必自杀，顾左右曰："此人也，骂言畜产，辱孰甚焉，故我惧其死也。"又苻秦时，王堕性刚峻，疾董荣如仇雠，略不与言，尝曰："董龙是何鸡狗者，令国士与之言乎？"（龙为董荣之小字。）荣闻而惭憾，遂劝苻生杀之。及刑，荣谓堕曰："君今复敢数董龙作鸡狗乎。"夫或恐自杀，或且杀人，其激刺之烈如此。而今之人，乃以是相詈，恬不为怪，何欤？

父子兄弟，罪不相及，怒一人而辱及其家族，又何义乎？昔卫孙蒯饮马于重丘，毁其瓶，重丘人诟之曰："尔父为厉。"齐威王之见责于周安王也，詈之曰："叱嗟，尔母婢也。"此古人之诟及父母者也。其加以秽辞者，唯嘲戏则有之。《抱朴子·疾谬篇》曰："嘲戏之谈，或上及祖考，或下逮妇女。"既斥为谬而疾之。陈灵公与孔宁、仪行父通于夏徵舒之母，饮酒于夏氏。公谓行父曰："徵舒似汝。"对曰："亦似君。"灵公卒以是为徵舒所杀。而今之人乃以是相詈，恬不为怪，何欤？

无他，口耳习熟，则虽至不合理之词，亦复不求其故；而人云亦云，如叹词之暗呜咄咤云耳。《说苑》曰："孔子家儿不知骂，生而善教也。"愿明理之人，注意于陋习而矫正之。

[译文]

我们中国人最容易犯的错误，是不是骂人呢？从来不认识的人，在无意中，相互之间偶然发生点摩擦，或者是驾车挑担子的时候，一不小心，彼此相撞，本来相互致歉就可以了结的，却破口大骂，很长时间没有休止。还有亲戚朋友之间，讨论事情如意见不合，就相互责骂起来，或者骂对方是牲畜，或者侮辱对方祖先。这种情况，北自河北，南至浙江、广东等地，大体情形都是一样的。

彼此都是人类，却突然以牲畜辱骂对方，这是什么道理啊？根据生物进化史，人类不过是哺乳动物中进化程度较高的；而爬行动物却是哺乳动物的祖先。所以发育生长二十八天的人类胎儿，与发育生长天数相等的狗胎、龟胎十分相似。然而辱骂别人是牲畜，是嫌别人进化的程度较低吗？但一般的人，最初的看法并不是这样。汉代的刘宽曾经招待客人，派家奴去买酒。过了很久，家奴却大醉而归。客人不能忍受家奴的行为，骂道："你简直是牲畜养的。"过了一会儿，刘宽派人监视家奴，怕家奴受骂后会自杀，他对周围的人说："他也是人啊，你骂他是牲畜养的，还有比这更严重的侮辱吗，所以我怕他会自杀啊。"还有前秦苻坚时，王堕性情刚直，痛恨董荣如同仇人，从来不跟他说话。王堕曾经说："董荣是哪里来的鸡狗哦，怎么能让有识之士跟他说话？"董荣听说后羞愧难当，就劝苻坚杀了王堕。等到行刑的时候，董荣对王堕说："你今天还敢骂我董荣是鸡狗吗？"对待辱骂，要么自杀，要么杀人，古人的选择反差如此之大。但是今天的人，却以这种方式互相责骂，还不觉得反常，这是为什么呢？

父子兄弟，罪责不应该相互牵连。因为对一个人愤怒，进而侮辱他的家族，这是什么道理呢？古时候卫国的孙蒯在重丘放马饮水，不小心让马毁坏了饮水的器具，重丘的人就辱骂孙蒯说："你家父亲是一个暴虐的人。"齐威王被周安王责备，便怒骂周安王："呸，你母亲是别人的奴婢。"这是古人迁怒而辱骂别人父母的例子。那些骂人的脏话，只有在嘲笑戏弄的时候才出现。《抱朴子·疾谬篇》说："嘲笑戏弄的话，有的波及祖先，有的牵连妇女。"作者斥责这种荒谬的做法并痛恨它。陈灵公与孔宁、仪行父私通夏徵舒的母亲，他们在夏徵舒母亲那里饮酒作乐。陈灵公对仪行父说："夏徵舒像你。"仪行父说："也像你。"陈灵公最终因为说这些话而被夏徵舒杀死。但是今天的人，却以这种话相互责骂，并不以为怪，这是为什么呢？

其实没有别的原因，只是说惯了听惯了而已，即使是最不合情理的话，也不会去追究说这些话的原因；而且人云亦云，就像是发感叹那样语气自如。《说苑》说："孔子家的孩子不会骂人，是因为他们生来就受到很好的家教。"希望明白事理的人们，注意自己的不良习惯并加以改正。

文明与奢侈

读人类进化之历史：昔也穴居而野处，今则有完善之宫室；昔也饮血茹毛，食鸟兽之肉而寝其皮，今则有烹饪、裁缝之术；昔也束薪而为炬，陶土而为灯，而今则行之以煤气及电力；昔也椎轮之车，刳木之舟，为小距离之交通，而今则汽车及汽舟，无远弗届；其他一切应用之物，昔粗而今精，昔单简而今复杂，大都如是。故以今较昔，器物之价值，百倍者有之，千倍者有之，甚而万倍、亿倍者亦有之，一若昔节俭而今奢侈，奢侈之度，随文明而俱进。是以厌疾奢侈者，至于并一切之物质文明而屏弃之，如法之卢梭，俄之托尔斯泰是也。

虽然，文明之与奢侈，固若是其密接而不可离乎？是不然。文明者，利用厚生之普及于人人者也。敷道如砥，夫人而行之；漉水使洁，夫人而饮之；广衢之灯，夫人而利其明；公园之音乐，夫人而聆其音；普及教育，平民大学，夫人而可以受之；藏书楼之书，其数巨万，夫人而可以读之；博物院之美术品，其值不赀，夫人而可以赏鉴之。夫是以谓之文明。且此等设施，或以卫生，或以益智，或以进德，其所生之效力，有百千万亿于所费者。故所费虽多，而不得以奢侈论。

奢侈者，一人之费，逾于普通人所费之均数，而又不生何等之善果，或转以发生恶影响。如《吕氏春秋》所谓"出则以车，入则以辇，务以自佚，命之曰招蹶之机；肥肉厚酒，务以自强，命之曰烂肠之食"是也。此等恶习，本酋长时代所遗留。在昔普通生活低度之时，凡所谓峻宇雕墙，玉杯象箸，长夜之饮，游畋之乐，其超越均数之费者何限？普通生活既渐高其度，即有贵族富豪以穷奢极侈著，而其超越均数之度，决不如酋长时代之甚。故知文明益进，则奢侈益杀。谓今日之文明，尚未能剿灭奢侈则可；以奢侈为文明之产物，则大不可也。吾人当详观文明与奢侈之别，尚其前者，而戒其后者，则折衷之道也。

[译文]

我们来认识一下人类进化的历史：古时候的人在野外住洞穴，今天的人却有很好的住宅；古时候的人生吃动物，以鸟兽肉为食，以鸟兽皮为衣，今天的人却掌握了烹饪、裁缝的技术；古时候的人把柴草捆起来当作火炬，用陶土做灯，而现在我们却利用煤气和电力照明；古时候的人用木头做车轮，挖木做船，以此作为短距离的交通工具，而今天却有汽车和汽船作为交通工具，无论多远的地方都能到达；其他一切日常应用的东西，古时的粗糙而今天的精细，古时的简单而今天的复杂，大都是这种情况。所以拿今天与古时相比，器物的价值，有超过古时一百倍的，有超过古时一千倍的，甚至万倍、亿倍的也有，就好比古时人节俭而今天的人奢侈，奢侈的程度，随着文明的进程而加剧。所以痛恨奢侈的人，就连一切物质文明的成果都予以摒弃，如法国的卢梭、俄国的托尔斯泰就是这种人。

即使这样，难道文明与奢侈就这样关系密切而不可分离吗？情况并非如此。文明，是充分利用自然资源而对人们广泛有利。把道路铺造得像平板一样，供人行走；把水过滤干净，供人饮用；在大街上安灯，供人照明；在公园里播放音乐，供人聆听；普及教育，开办平民大学，供人受教育；图书馆的藏书成千上万，供人阅读；博物馆里的美术作品，价值连城，供人鉴赏。这就是所谓的文明。而且这些设施，有些是用来改善卫生条件，有些是用来增益人们的智慧，有些是用来提升人们的道德境界，这些设施所产生的效果，往往需要消耗成百上千甚至数以万亿的费用。所以虽然费用巨大，但不能认定是奢侈行为。

奢侈，是一个人的消费，超过了普通人消费的平均数，而且又不能带来任何益处，甚至产生恶劣的影响。如《吕氏春秋》所说："出门用车，回家用辇，一定要让自己出入舒服，其实这是招致摔倒的工具；大块吃肉大量饮酒，一定要让自己身体强壮，其实这是使肠胃得病的饮食。"这种恶习，本来是原始部落时代遗留下来的。在古代普通人生活条件很差的时候，所有的高大房屋、雕花的墙壁，玉石做的杯子、象牙做的筷子，通宵饮酒，游猎之乐，这种奢侈的生活要超过平均生活费用多少啊？普通人的生活水平渐渐提高了，即使有贵族富豪穷奢极欲，但他们超过平均生活消费的程度，绝不会像部落酋长时期那么严重。所以说文明程度越高，奢侈的行为就越来越少。说今天的文明，还不足以消除奢侈的行为，道理上说得通；但要以为奢侈是文明进程的产物，那就说不通了。我们应当详细考察文明与奢侈的区别，推崇前者，力戒后者，才是恰当的做法。

理信与迷信

人之行为，循一定之标准，而不至彼此互相冲突，前后判若两人者，恃乎其有所信。顾信亦有别，曰理信，曰迷信。差以毫厘，失之千里，不可不察也。

种瓜得瓜，种豆得豆，有是因而后有是果，尽人所能信也。昧理之人，于事理之较为复杂者，辄不能了然。于其因果之相关，则妄归其因于不可知之神，而一切倚赖之。其属于幸福者，曰是神之喜而佑我也，其属于不幸福者，曰是神之怒而祸我也。于是求所以喜神而免其怒者，祈祷也，祭告也，忏悔也，立种种事神之仪式，而于其所求之果，渺不相涉也。然而人顾信之，是迷信也。

础润而雨，征诸湿也；履霜坚冰至，验诸寒也；敬人者人恒敬之，爱人者人恒爱之，符诸情也；见是因而知其有是果，亦尽人所能信也。昧理之人，既归其一切之因于神，而神之情不可得而实测也，于是不胜其侥幸之心，而欲得一神人间之媒介，以为窥测之机关，遂有巫觋卜人星士之属，承其乏而自欺以欺人：或托为天使，或夸为先知，或卜以龟蓍，或占诸星象，或说以梦兆，或观其气色，或推其诞生年月日时，或相其先人之坟墓，要皆为种种预言之准备，而于其所求果之真因，又渺不相涉也。然而人顾信之，是亦迷信也。

理信则不然，其所见为因果相关者，常积无数之实验，而归纳以得之，故恒足以破往昔之迷信。例如日食、月食，昔人所谓天之警告也，今则知为月影、地影之偶蔽，而可以预定其再见之时。疫疠，昔人所视为神谴者也，今则知为微生物之传染，而可以预防。人类之所以首出万物者，昔人以为天神创造之时，赋畀独厚也；今则知人类为生物进化中之一级，以其观察自然之能力，同类互助之感情，均视他种生物为进步，故程度特高也。是皆理信之证也。

人能祛迷信而持理信，则可以省无谓之营求及希冀，以专力于有益社会之事业，而日有进步矣。

[译文]

人们的行为，都是遵循一定的标准，才不至于相互发生冲突，前后判若两人，做到这些依靠的就是信仰。信仰也有区别：一是理智的信仰，一是迷信。行为之初也许差之毫厘，结果却会造成巨大的差异，所以我们不能不认真注意。

种瓜得瓜，种豆得豆，有什么样的原因，就有什么样的结果，这是人们普遍相信的道理。糊涂的人，对于较复杂的事理，就不能明察。对于因果相关的事情，把事情的起因妄自归结为不可知的神，并将一切都依赖于神。遇到自己幸福的事情，就说是神因高兴而暗中保佑我；遇到自己不幸的事情，就说是神因发怒而嫁祸于我。于是就千方百计地去做让神高兴而息怒的事情，比如祈祷、祭祀、忏悔、设立种种敬神拜神的仪式等等，但这些与他们所期望的结果毫不相干。然而人们却仍然相信它，这就是迷信的行为。

房屋地基潮湿，就是天要下雨的征兆，这是从潮湿的现象中总结出来的规律；地上起霜就要结冰，这是从寒冷的现象中验证出来的规律；尊敬别人的人，别人也常常尊敬他，爱护别人的人，别人也常常爱护他，这是从人之情理中验证出来的规律；发现什么原因，就会由此推断有什么结果，这是人人都能相信的。那些糊涂的人，已经把一切原因都归结于神，而对神的心情又不能如实预测，于是便产生侥幸心理，想找到一个神与人之间的媒介，以窥探神的心情，这样便出现了巫婆神汉和打卦算命的人，他们利用人们心存侥幸的心理自欺欺人：假托自己是天神的使者，或者吹嘘自己先知先觉，或者用龟甲蓍草来占卜，或者用星象来推算，或者释梦作为预兆，或者观察别人的气色，或者测算别人的生辰八字，或者察看别人祖坟的风水朝向，所有这些都是为他五花八门的预言做准备，但与人们所寻求结果的真正原因又毫不相干。然而人们仍然相信它，这也是迷信。

　　理智的信仰却不是这样，信仰者们所分析的因果关系，常常是通过积累无数的实践经验而归纳出来的，所以能够破除以往的迷信。例如日食、月食现象，古人说这是上天对人类的警告，其实今天我们知道这是由于月球或地球偶尔遮住太阳而造成的，并且可以预测再次发生日食月食的时间。流行的瘟疫，古人认为是神对人类的惩罚，今天我们知道是由于微生物的传染造成的，并且可以预防。人类之所以能超出万物，古人认为是天神在创造万物的时候，独独给予人的很多；今天我们认识到人类是生物进化过程中的一个环节，只不过由于他们观察自然的能力，同类之间相互帮助的感情，都比其他生物种类进步，所以进化的程度很高。这些都是理智的信仰的有力证明。

　　人类如果能破除迷信而坚持理智的信仰，那样就可以省去许多毫无意义的祈求和希望，专心致力于有意义的社会事业，并且天天有所进步。

循理与畏威

人生而有爱己爱他之心象，因发为利己利他之行为。行为之己他两利，或利他而不暇利己者为善。利己之过，而不惜害他人者为恶。此古今中外之所同也。

蒙昧之世，人类心象尚隘，见己而不及见他，因而利己害他之行为，所在多有。有知觉较先者，见其事之有害于人群，而思所以防止之，于是有赏罚：善者赏之，恶者罚之，是法律所托始也。是谓酋长之威。酋长之赏罚，不能公平无私也；而其监视之作用，所以为赏罚标准者，又不能周密而无遗。于是隶属于酋长者，又得趋避之术，而不惮于恶；而酋长之威穷。

有济其穷者曰："人之行为，监视之者，不独酋长也，又有神。吾人即独居一室，而不啻十目所视，十手所指。为善则神赐之福，为恶则神降之罚。神之赏罚，不独于其生前，而又及其死后：善者登天堂，而恶者入地狱。"或又为之说曰："神之赏罚，不独于其身，而又及其子孙：善者子孙多且贤，而恶者子孙不肖，甚者绝其嗣。"或又为之说曰："神之赏罚，不唯于其今生也，而又及其来世：善者来世为幸福之人，而恶者则转生为贫苦残废之人，甚者为兽畜。"是皆宗教家之所传说也。是谓神之威。

虽然，神之赏罚，其果如斯响应乎？其未来之苦乐，果足以抑现世之刺冲乎？故有所谓神之威，而人之不能免于恶如故。

且君主也，官吏也，教主也，辄利用酋长之威，及神之威，以强人去善而为恶。其最著者，政治之战、宗教之战是也。于是乎威者不但无成效，而且有流弊。

人智既进，乃有科学。科学者，舍威以求理者也。其理奈何？曰，我之所谓己，人之所谓他也。我之所谓他，人之所谓己也。故观其通，则无所谓己与他，而同谓之人。人之于人，无所不爱，则无所不利。不得已而不能普利，则牺牲其最少数者，以利其最大多数者，初不必问其所牺牲者之为何人也。如是，则为善最乐，又何苦为恶耶？

吾人之所为，既以理为准则，自然无恃乎威；且于流弊滋章之威，务相率而廓清之，以造成自由平等之世界，是则吾人之天责也。

[译文]

人一生下来就有爱己和爱人之心，因而生发出利己和利人的行为。行为对自己和他人都有好处，或者利于他人而顾不上利于自己，这些行为都是善行。然而自己贪利太过，而不惜伤害他人，这些行为就是可恶。这是古今中外都认同的道理。

原始社会，人类的心胸还很狭窄，只关心自己而顾不上关心他人，所以多有利己害人的行为。先知先觉的人，看到这种事情对群体有害，就想办法防止它，于是就有了赏罚：奖励做好事的人，惩罚做坏事的人，这就是法律的开始，也被称为酋长的权威。酋长的赏罚行为，不可能完全公平无私；而且作为赏罚的标准，他的监督作用不可能周密而没有任何疏漏。于是那些隶属于酋长管制的人，看到有漏洞可钻便纷纷想出逃避责任的办法，因而不怵于做坏事；这样的结果就是酋长的威信急剧下降。

那些自称可以解决酋长威信下降问题的人说："监督别人行为的人，应该不仅仅是酋长，神也应在此之列。我们即使是一个人住在房子里，也不只是十只眼睛看着我们、十个手指着我们。做善事的人，神就会赐福于他，做坏事的人，神就会惩罚他。神对人的赏罚,不仅是在人生前,也会在人死后:行善的人死后升上天堂,作恶的人就被打下地狱。"又有人这样说:"神对人的赏罚,不仅是对他一个人,而且会波及他的子孙后代:行善的人子孙又多又贤能,作恶的人子孙品行恶劣,更有甚者断子绝孙。"又有人说:"神对人的赏罚,不仅是针对他的今生,还会涉及他的来世:行善的人来世会成为幸福的人,作恶的人却转世为贫苦残废的人,更有甚者会投胎为野兽和牲畜之类。"这些都是宗教家们的传说和解释,也就是人们所说的神之权威。

即使这样,神的奖赏惩罚,当真与人的行为相符合吗?人的未来的痛苦快乐,当真足以抑制人现在的不善行为吗?所以说神的权威,并不能有效地阻止人做坏事。

况且那些君王、官吏、教主,动不动就利用酋长和神的权威,强迫人们不行善而作恶。其中最明显的,就是政治争斗和宗教战争。这样一来,权威者不但在抑恶扬善上没有成效,反而产生了恶劣影响。

随着人类智力的发展,科学便产生了。科学,就是抛弃权威而追求真理。真理是什么?人们常说,我所说的自己,别人称为他人。我所说的他人,别人称为自己。所以整体而言,没有所谓的自己与他人,自己与他人统统称为人。人与人之间,只要互相关爱,就会互利互惠。如果迫不得已不能让所有人都普遍获利,那么就牺牲极少数人的利益,让大多数人获利,并且开始就不必计较是谁牺牲了自己的利益。如此看来,行善是件快乐的事,人们又何苦去作恶呢?

我们的所作所为,既然以真理为准则,当然不怕权威;而且对那些传承和滋生的所谓权威,务必共同清除,以创造自由平等的世界,这是我们的天责。

坚忍与顽固

《汉书·律历》云："凡律度量衡用铜。为物至精，不为燥湿寒暑变其节，不为风雨暴露改其形，介然有常，有似于士君子之行。是以用铜。"《考工记》曰："金有六齐：六分其金而锡居一，谓之钟鼎之齐；五分其金而锡居一，谓之斧斤之齐；四分其金而锡居一，谓之戈戟之齐；三分其金而锡居一，谓之大刃之齐；五分其金而锡居二，谓之削杀矢之齐；金锡半，谓之鉴燧之齐。"贾疏曰："金谓铜也。"然则铜之质，可由两方面观察之：一则对于外界傥来之境遇，不为所侵蚀也；二则应用于器物之制造，又能调合他金属之长，以自成为种种之品格也。所谓有似于士君子之行者，亦当合两方面而观之。孔子曰："匹夫不可夺其志。"孟子曰："富贵不能淫，贫贱不能移，威武不能屈。"非犹夫铜之不变而有常乎？是谓坚忍。孔子曰："见贤思齐焉。"又曰："多闻择善者而从之。"孟子曰："乐取于人以为善。"荀子曰："君子之学如蜕。"非犹夫铜之资锡以为齐乎？是谓不顽固。

坚忍者，有一定之宗旨以标准行为，而不为反对宗旨之外缘所憧扰，故遇有适合宗旨之新知识，必所欢迎。顽固者本无宗旨，徒对于不习惯之革新，而为无意识之反动；苟外力遇其堕性，则一转而不之返。是故坚忍者必不顽固，而顽固者转不坚忍也。

不观乎有清之季世乎？满洲政府，自慈禧太后以下，因仇视新法之故，而仇视外人，遂有"义和团"之役，可谓顽固矣。然一经庚子联军之压迫，则向之排外者，一转而反为媚外。凡为外人，不问贤否，悉崇拜之；凡为外俗，不问是非，悉仿效之。其不坚忍为何如耶？革命之士，慨政俗之不良，欲输入欧化以救之，可谓不顽固矣。经政府之反对，放逐囚杀，终不能夺其志。其坚忍为何如耶？坚忍与顽固之别，观夫此而益信。

[译文]

《汉书·律历》上说："所有度量衡器具都是铜制的。铜器精良，不会因为干燥、潮湿、寒冷、酷热而改变品质，不会因为经风受雨而改变形状，品质恒久，像君子的品行，所以度量器具用铜来做。"《考工记》上说："金属冶炼有六种配方。在金属冶炼中锡的成分占六分之一，这是制造钟鼎类器具所需要的配比。锡的成分占到五分之一，这是制造斧刀类器具所需要的配比；锡的成分占到四分之一，这是制造长矛类器具所需要的配比；锡的成分占到三分之一，这是制造大刀类器具的配比；锡的成分占到五分之二，这是制造削、杀、矢类武器的配比；锡的成分占到一半，这是制造取火用具燧镜的配比。"贾疏说："这里的金属说的就是铜。"然而铜的品质，可从两个方面来观察，一是对于外界的条件变化，铜不会被腐蚀而变质；二是在器具制造方面，它能调和其他金属的优点，因此具有不同的特性。所以说铜好像君子的品行，也应该从两个方面来看。孔子说："大丈夫的志向是不可以强迫他更改的。"孟子说："高官厚禄收买不了，贫穷困苦折磨不了，强暴武力威胁不了。"这不正像铜不随环境而改变，并保持自己的特性吗？这就是坚忍。孔子说："看到别人贤能，我就想向他学习。"又说："见多识广，效仿那些行善者的言行。"孟子说："要乐于吸取别人的长处，来加强自己的修养。"荀子说："君子的学习好像蜕变一样。"这难道不是像铜与锡的配比一样有用吗？这就是不顽固。

坚忍，就是按一定的宗旨来规范自己的行为，而不被宗旨之外的其他因素所影响，所以遇到适合宗旨的新知识，一定会欢迎接受。顽固的人本来就没有什么宗旨，只是不习惯变化而下意识地反动；只要外界的因素触及他的惰性，他就会转变立场。所以坚忍的人一定不会顽固，而顽固的人反而不会坚忍。

我们难道不能从清朝的历史演变中明白其中的道理吗？满洲政府，从慈禧太后以下，因为仇视变法，仇视外国人，所以才有"义和团"的战争，满洲政府可以说是太顽固不化了。然而，经过庚子年八国联军的侵略压迫，那些原来排外的人，马上转变立场，变得崇洋媚外了。只要是外国人，不管贤愚，一律崇拜；凡是外国的习俗，不问好坏，全部模仿。他们的不坚忍为什么能到这种地步？革命志士感慨政坛风气败坏，想用欧洲的民主方法来救国改良，这些可以说是不顽固。虽然清政府对变法者采取放逐、囚禁、杀戮等方法加以镇压反对，结果却没能改变他们的志向。他们的坚忍为什么能到这种地步？通过上述两方面的对比，我们对坚忍与顽固的区别就更加确信了。

自由与放纵

自由，美德也。若思想，若身体，若言论，若居处，若职业，若集会，无不有一自由之程度。若受外界之压制，而不及其度，则尽力以争之，虽流血亦所不顾，所谓"不自由毋宁死"是也。然若过于其度，而有愧于己，有害于人，则不复为自由，而谓之放纵。放纵者，自由之敌也。

人之思想不缚于宗教，不牵于俗尚，而一以良心为准。此真自由也。若偶有恶劣之思想，为良心所不许，而我故纵容之，使积渐扩张，而势力遂驾于良心之上，则放纵之思想而已。

饥而食，渴而饮，倦而眠，卫生之自由也。然使饮食不节，兴寐无常，养成不良之习惯，则因放纵而转有害于卫生矣。

喜而歌，悲而哭，感情之自由也。然而里有殡，不巷歌，寡妇不夜哭，不敢放纵也。

言论可以自由也，而或乃讦发阴私，指挥淫盗；居处可以自由也，而或于其间为危险之制造，作长夜之喧嚣；职业可以自由也，而或乃造作伪品，贩卖毒物；集会可以自由也，而或以流布迷信，恣行奸邪。诸如此类，皆逞一方面极端之自由，而不以他人之自由为界，皆放纵之咎也。

昔法国之大革命，争自由也，吾人所崇拜也。然其时如罗伯士比及但丁之流，以过度之激烈，恣杀贵族，酿成恐怖时代，则由放纵而流于残忍矣。近者英国妇女之争选举权，亦争自由也，吾人所不敢菲薄也。然其胁迫政府之策，至于烧毁邮件，破坏美术品，则由放纵而流于粗暴矣。夫以自由之美德，而一涉放纵，则且流于粗暴或残忍之行为而不觉。可不慎欤？

[译文]

自由，是一种美德。比如我们的思想、身体、言论、居住、职业、集会等等，都有一定的自由权利。如果我们的自由权利受到外界的压制，而达不到应有的程度，那么我们就一定会去努力抗争，即使流血牺牲也不顾惜，这就是人们所说的"不自由，宁可死"。但是如果我们行使自由的权利超过限度，就不仅有愧于自己，也会伤害他人，那样就不再是自由，而是放纵了。放纵，是自由的敌人。

人的思想不应该被宗教教义所束缚，也不应该被风俗时尚所左右，而应该以良心为准绳。这才是真正的自由。如果偶尔萌发恶劣的想法，本来就良心不忍，但是我却有意纵容它，使它不断滋长，恶劣的势力最终凌驾于良心之上，那就是放纵的思想了。

饿了就吃饭，渴了就喝水，困了就睡觉，这是身体健康的自由。但是如果饮食没有节制，工作睡眠没有规律，养成不好的习惯，这就是放纵自己的身体自由，而有害于自身健康了。

高兴了就唱歌，悲伤了就哭泣，这是感情的自由。但是遇到邻居办丧事，就不在街巷里唱歌，寡妇不在深夜里哭泣影响他人，这些都是因为不敢放纵自己。

言论是自由的，但有的人揭发别人的隐私，诱导别人去嫖娼盗窃；居住也是自由的，然而有的人在住所里做出危险举动，在深夜里大声喧哗；职业是自由的，然而有的人制造伪劣产品，贩卖毒品；集会是自由的，然而有的人传播迷信思想，胡作非为。以上这些行为，都是行使个人的极端自由，而不考虑别人的自由，都是放纵的过错。

以前法国大革命争取自由，是我们所崇拜的。然而那时如罗伯斯庇尔、丹东等人，过度激烈地滥杀贵族，造成一个恐怖黑暗的时代，这是因为放纵而导致手段残忍。近期的英国妇女争取选举权，也是在争取自由，我们对此不敢轻视。但是她们威胁政府的手段，达到烧毁邮件、破坏艺术品的程度，这是因为放纵而产生粗暴行为。以自由的美德，如果一旦放任自流，尚且会产生粗暴和残忍的行为而浑然不知，我们难道不应该谨慎对待自由吗？

镇定与冷淡

世界蕃变，常有一时突起之现象，非意料所及者。普通人当之，恒不免张皇无措。而弘毅之才，独能不动声色，应机立断，有以扫众人之疑虑，而免其纷乱，是之谓镇定。

昔诸葛亮屯军于阳平，唯留万人守城。司马懿垂至，将士失色，莫之为计。而亮意气自若，令军中偃旗息鼓，大开西城门，扫地却洒。懿疑有伏，引军趋北山。宋刘几知保州，方大会宾客；夜分，忽告有卒为乱；几不问，益令折花劝客。几已密令人分捕，有顷禽至。几复极饮达旦。宋李允则尝宴军，而甲仗库火。允则作乐饮酒不辍。少顷，火息，密檄瀛州以茗笼运器甲，不浃旬，军器完足，人无知者。真宗诘之。曰："兵机所藏，儆火甚严。方宴而焚，必奸人所为。若舍宴救火，事当不测。"是皆不愧为镇定矣。

镇定者，行所无事，而实大有为者也。若目击世变之亟，而曾不稍受其刺激，转以清静无为之说自遣，则不得谓之镇定，而谓之冷淡。

晋之叔世，五胡云扰。王衍居宰辅之任，不以经国为念，而雅咏玄虚。后进之士，景慕仿效，矜高浮诞，遂成风俗。洛阳危逼，多欲迁都以避其难；而衍独卖牛车以安众心。事若近乎镇定。然不及为备，俄而举军为石勒所破。衍将死，顾而言曰："呜呼，吾曹虽不如古人，向若不祖尚浮虚，戮力以匡天下，犹不至今日。"此冷淡之失也。

宋富弼致政于家，为长生之术，吕大临与之书曰："古者三公无职事，唯有德者居之：内则论道于朝，外则主教于乡，古之大人，当是任者，必将以斯道觉斯民，成己以成物，岂以位之进退，年岁之盛衰，而为之变哉？今大道未明，人趋异学，不入于庄，则入于释，人伦不明，万物憔悴。此老成大人恻隐存心之时，以道自任，振起坏俗。若夫移精变气，务求长年，此山谷避世之士，独善其心者之所好，岂世之所以望于公者哉？"弼谢之。此极言冷淡之不可也。

观衍之临死而悔，弼之得书而谢，知冷淡之弊，不独政治家,即在野者,亦不可不深以为戒焉。

[译文]

　　世界的演变,常常有一时突变的现象,不是人们能预料到的。普通人遇到这种现象,常常免不了惊慌失措。但是坚毅的人遇到了却能不动声色,根据情况当机立断,排除众人的疑虑,从而避免产生混乱,这就是镇定。

　　三国时候的诸葛亮在阳平驻军,只留下一万人镇守城池。魏将司马懿率大军突袭这座城池,城内将士大惊失色,想不出什么办法来。但这时诸葛亮面不改色心不跳,下令军队放倒旗子,停止敲鼓,打开西城门,让士兵在城里扫地洒水。司马懿怀疑城里有埋伏,带领军队向北山撤退。宋朝的刘几在治理保州期间,有一天正在大宴宾客,夜晚时分,忽然手下报告有人作乱。刘几不问作乱的人是谁,反而下令为客人折花劝酒。其间刘几秘密派人分头出去追捕,一会儿就把作乱的人抓到了。刘几接着喝酒作乐一直到天亮。宋朝李允则有一次在军中举行酒宴,席间甲仗库突然起火。李允却没有中止饮酒作乐。没过多久,库里的火被扑灭了。李允则暗地里派人拿着他的文书到瀛州用茶叶箱子运载武器。不到十天,库里因火灾而损失的武器又补齐了,而军队中谁也不知道这件事。宋真宗责问他。李允则回答说:"兵器库防火措施十分严密。我在这里刚刚举行酒宴,那边就莫名其妙地起火了,一定是内奸干的。如果我当时离开宴会而去救火,就中了他的调虎离山之计,恐怕遭遇不测。"以上这几个都不愧为遇事沉着镇定的人。

　　镇定的人,表面上好像无所事事,实际上大有作为。如果眼看世界在急剧变化,却对此毫无反应,反而用清静无为的理论来安慰自己,这样不能算作镇定,而应该称为冷淡。

晋朝末年时，好几个北方的游牧民族纷纷作乱骚扰。王衍当时任宰相，不把国家大事放在心上，却整天只知道吟咏诗词，故弄玄虚。很多年轻人对他无比仰慕并极力效仿，导致自高自大、轻浮放荡的不良习俗流行一时。当时洛阳被敌兵紧逼，形势危急，朝廷上很多官员都想劝皇帝把首都迁移至别处，以躲避灾难，只有王衍不想走，还卖牛车来安抚民心。他做事好像很镇定，却因为来不及防备，不久他率领的军队被石勒打败。王衍临死时，对旁边的人说："唉，我们虽然不如古人，但如果当初不崇尚浮夸虚无，全力以赴来拯救天下，也不至于落到今天的下场。"这是因冷淡而造成的后果。

宋朝的富弼辞官回家，寻求长生不老的法术。吕大临写信给他说："古代三公没有具体的职务，只有德行好的人才能担任。他们在官内讨论治国方略，出了朝廷就在民间主持教化。古代的达官贵人敢于担当责任，一定会用治国的道理来教化人民，这样既成就自己，也成就万物。他们怎么能因为职位的进退、年龄的盛衰而有所变化呢？现在，大道理还没有明示天下，人们倾向于异端的学说，不是学老庄，就是学佛教，人伦不清，万物衰败。这是大人您产生同情心的时候，您一定要扛起大道的责任，努力改变不良的时俗。如果这时您却改变自己的志向，追求长生不老之术，这是山中隐士和那些独善其身的人所爱好的，难道是百姓对您的期望吗？"富弼向他道歉。这是极力在说冷淡的种种不妥。

看到王衍临死时的悔悟，富弼收到书信后的道歉，我们知道了冷淡的坏处，不仅是政治家，即使是不当官的人，也不能不以此为戒啊。

热心与野心

孟子有言："鸡鸣而起，孳孳为善者，舜之徒也；鸡鸣而起，孳孳为利者，跖之徒也。"二者，孳孳以为之同，而前者以义务为的，谓之"热心"；后者以权利为的，谓之"野心"。禹思天下有溺者，犹己溺之；稷思天下有饥者，犹己饥之；此热心也。故禹平水土，稷教稼穑，有功于民。项羽观秦始皇帝曰："彼可取而代也"；刘邦观秦始皇帝曰："嗟夫！大丈夫当如是也。"此野心也。故暴秦既灭，刘、项争为天子，血战五年。羽尝曰："天下汹汹数岁者，徒为吾两人耳。"野心家之贻害于世，盖如此。

美利坚之独立也，华盛顿尽瘁军事，及七年之久。立国以后，革世袭君主之制，而为选举之总统。其被举为总统也，综理政务，至公无私。再任而退职，躬治农圃，不复投入政治之旋涡。及其将死，以家产之一部分，捐助公共教育及其他慈善事业。可谓有热心而无野心者矣。

世固有无野心而并熄其热心者。如长沮桀溺曰："滔滔者天下皆是也，而谁与易之？"马少游曰："士生一世，但取衣食裁足，乘下泽车，御款段马，守坟墓，乡里称善人，斯可矣。"是也。凡隐遁之士，多有此失；不知人为社会之一分子，其所以生存者，无一非社会之赐。顾对于社会之所需要，漠然置之，而不一尽其力之所能及乎？范仲淹曰："士当先天下之忧而忧，后天下之乐而乐。"李燔曰："凡人不必待仕宦有位为职事方为功业，但随力到处，有以及物，即功业矣。"谅哉言乎！

且热心者，非必直接于社会之事业也。科学家闭户自精，若无与世事，而一有发明，则利用厚生之道，辄受其莫大之影响。高上之文学，优越之美术，初若无关于实利，而陶铸性情之力，莫之与京。故孳孳学术之士，不失为热心家。其或恃才傲物，饰智惊愚，则又为学术界之野心，亦不可不戒也。

[译文]

  孟子说："听到鸡叫就起床，一心想着为别人做好事的，是像舜一类的人；听到鸡叫就起床，一心想着为自己谋取私利的，是像盗跖一类的人。"这两种人，都是勤勤恳恳的，但是前者是以"义务"为目的，我们称其为"热心"；后者以"利益"为目的，我们称其为"野心"。大禹想到天下人有溺水的，就好像自己溺水；后稷想到天下人有挨饿的，就好像自己挨饿，这是热心。所以大禹治理水患，后稷教人种植庄稼，他们为天下人立下大功。项羽看到秦始皇时说"我可以取代他"；刘邦见到秦始皇时说："唉！大丈夫应该这样啊！"这是野心。所以残暴的秦朝灭亡后，刘邦、项羽争着做皇帝，进行了五年的血战。项羽曾经说："天下人这几年来不得安宁，只是因为我们这两个人罢了。"野心家贻害于天下，大概就是这样的。

  为了美利坚合众国的独立，华盛顿尽全力于军事，战争达七年之久。建国之后，他又改革世袭君主制，变为总统选举制。华盛顿被选举为总统后，处理政务公正无私。两任总统后，他就退职离任，亲自耕耘于农庄，不再参与任何政务。等到他快死的时候，他把家产的一部分捐助出来，用于公共教育及其他慈善事业。他真称得上是有热心而没有野心了。

  世上本来就有那种既没有野心也没有热心的人。如长沮、桀溺说："天下像洪水泛滥那样纷乱，有谁去改变它呢？"马少游说："人的一生，只要丰衣足食，能坐下等的车子，驾乘一般的马，守好祖上的坟墓，获得乡里人的称赞，这样就可以了。"

其实他们就是这样的人。那些隐居乡间、逃避现实的人，认识上大多有这个缺陷；不知道自己是全社会的一分子，他赖以生存的所有东西，没有哪样不是社会赐予的。怎么能冷漠地对待社会的需要，而不尽自己的全力去做力所能及的事呢？范仲淹说："有抱负的人应当在天下人忧愁之前先忧愁，在天下人都享乐之后才享乐。"李燔说："人们不必等待做了高官有了职位后才去成就自己的功业，只要对自己力所能及事情有所尽心，就是自己的功业。"这些话说得很实在啊。

况且热心的人，并不是必须要直接面对社会事业。科学家们闭门科研，精益求精，好像与世隔绝，但是他们一旦有新的科学发明，那么充分运用发明成果，就一定能对我们的社会生活产生很大的影响。高尚的文学，优美的艺术，开始看起来好像跟实际利益没有什么关系，但是文学艺术陶冶性情的功能，是其他学科所不能比拟的。所以勤勤恳恳的学者，也不愧是热心的人。但他们之中，有的人自认为自己才能出众，自高自大，目空一切，在智者面前装腔作势，在凡人面前故弄玄虚，就变成学术界的野心家了，这也不能不引以为戒。

英锐与浮躁

黄帝曰："日中必熭，操刀必割。"《吕氏春秋》曰："力贵突，智贵卒。所为贵骥者，为其一日千里也；旬日取之，与驽骀同。所为贵镞矢者，为其应声而至；终日而至，则与无至同。"此言英锐之要也。周人之谚曰："畏首畏尾，身其余几。"诸葛亮之评刘繇、王郎曰："群疑满腹，众难塞胸。"言不英锐之害也。

楚丘先生年七十。孟尝君曰："先生老矣。"曰："使逐兽麋而搏虎豹，吾已老矣；使出正词而当诸侯，决嫌疑而定犹豫，吾始壮矣。"此老而英锐者也。范滂为清诏使，登车揽辔。慨然有澄清天下之志。此少而英锐者也。

少年英锐之气，常远胜于老人。然纵之太过，则流为浮躁。苏轼论贾谊、晁错曰："贾生天下奇才，所言一时之良策。然请为属国，欲系单于，则是处士之大言，少年之锐气。兵，凶事也，尚易言之，正如赵括之轻秦，李俱之易楚。若文帝亟用其说，则天下殆将不安矣。使贾生尝历艰难，亦必自悔其说。至于晁错，尤号刻薄，为御史大夫，申屠贤相，发愤而死，更改法令，天下骚然。至于七国发难，而错之术穷矣。"韩愈论柳宗元曰："子厚前时少年，勇于为人，不自贵重，顾借谓功业可立就，故坐废退，材不为世用，道不行于时。使子厚在台省时，已能自持其身，如司马刺史时，亦自不斥。"皆惜其英锐之过，涉于浮躁也。夫以贾、晁、柳三氏之才，而一涉浮躁，则一蹶不振，无以伸其志而尽其才。况其才不如三氏者，又安得不兢兢焉以浮躁为戒乎？

[译文]

黄帝说："正午就应该晒东西；手上拿起了刀就应该去切割。"《吕氏春秋》说："用力贵在突然，聪明贵在快速。好马之所以好，是因为它能日行千里；如果过十几天才到达目的地，那么它与平凡的马就没什么不同了。利箭之所以快，是因为它能随着声音飞快而至；如果一整天才射到，那么就跟没有射箭一样。"这些话是说英勇果断的重要。周朝有句谚语说："缩头缩尾，那么剩下来的身子还能有多少？"诸葛亮评价刘繇、王郎说："他们的肚里充满了疑问，胸中塞满了难题。"这些话是说不英勇果断的害处。

战国时候的楚丘先生年过七十。孟尝君对他说:"先生您老了。"楚丘先生回答说:"让我去追逐野兽麋鹿,搏杀老虎豹子,我确实已经老了;但让我慷慨陈词去抵挡诸侯,决断疑惑和犹豫的事情,我还年轻得很。"这是年纪虽大还英勇果断的人。东汉的范滂被封为清诏使,登上马车,拿着辔头,那副慷慨激昂的样子,显示出澄清天下的宏大志向,这是年龄虽小而英勇果断的人。

年轻人英勇果断的气质常常远胜于老年人。但是这种气质如果过于放纵,就会变成浮躁。苏轼评论贾谊、晁错说:"贾谊是天下难得的人才,他所说的都是当时的治国良策。但是他让皇帝封他为属国(编者注:属国,汉代官名,主要掌管与边疆归降的少数民族往来事务),还要抓获敌国的单于,这就是读书人的大话,年轻人的意气了。军事,凶多吉少,竟然这么轻率地对待,就像战国时的赵括轻视秦国、李俱小看楚国一样。如果汉文帝直接采用贾谊的方法,那么天下将会不得安宁。如果贾谊以后经历艰难困苦,也一定会后悔自己当时所说。至于晁错,就更加的刻薄,他做御史大夫,当时的贤明丞相申屠嘉,被他活活气死;他随意更改国家的法令,全天下都因此而动荡不安。到'七国之乱'爆发时,晁错的所有伎俩也用完了。"韩愈评论柳宗元说:"子厚以前年轻时,为人勇敢,不知道自重,常常以为功名可以轻易得到,所以因为参与改革而被贬,他的才能不被君主所看重,思想主张无法得到实践。如果子厚在朝廷时,能够控制住自己,像后来担任司马或刺史时那样,也不会遭到贬逐。"这些都是叹惜英勇果断一旦过头,就变成了浮躁。以贾谊、晁错、柳宗元三人的才华,一旦浮躁,都会一蹶不振,不能伸展自己的抱负,发挥自己的才能。何况那些才能不及他们的人,又怎么能不兢兢业业,戒除浮躁呢?

果敢与卤莽

人生于世,非仅仅安常而处顺也,恒遇有艰难之境。艰难之境,又非可畏惧而却走也,于是乎尚果敢。虽然,果敢非盲进之谓。盲进者,卤莽也。果敢者,有计划,有次第,持定见以进行,而不屈不挠,非贸然从事者也。

禹之治水也,当洪水滔天之际,而其父方以无功见殛,其艰难可知矣。禹于时毅然受任而不辞。凿龙门,辟伊阙,疏九江,决江淮,九年而水土平。彼盖鉴于其父之恃堤防而逆水性,以致败也,一以顺水性为主义。其疏凿排导之功,悉循地势而分别行之,是以奏绩。

墨翟之救宋也,百舍重茧而至楚,以窃疾说楚王。王既无词以对矣,乃托词于公输般之既为云梯,非攻宋不可。墨子乃解带为城,以牒为械,使公输般攻之。公输般九设攻城之机变,墨子九距之。公输般之攻械尽,墨子之守圉有余。公输般诎而曰:"吾知所以距子矣,吾不言。"墨子亦曰:"吾知子之所以距我,吾不言。"楚王问其故。墨子曰:"公输子之意,不过欲杀臣。杀臣,宋莫能守,可攻也。然臣之弟子禽滑厘等三百人,已持臣守圉之器,在城上而待楚寇矣,虽杀臣不能绝也。"楚王曰:"善哉!吾请无攻宋。"夫以五千里之楚,欲攻五百里之宋,而又在攻机新成、跃跃欲试之际,乃欲以一处士之口舌阻之,其果敢为何如?虽然,使墨子无守圉之具,又使有其具而无代为守圉之弟子,则墨子亦徒丧其身,而何救于国哉?

蔺相如之奉璧于秦也,挟数从者,赍价值十二连城之重宝,而入虎狼不测之秦,自相如以外,无敢往者。相如既至秦,见秦王无意偿城,则严词责之,且以头璧俱碎之激举胁之。虽贪横无信之秦王，亦不能不为之屈也。非洞明敌人之心理，而预定制御之道，乌能从容如此耶？

夫果敢者，求有济于事，非沾沾然以此自矜也。观于三子之功，足以知果敢之不同于卤莽，而且唯不卤莽者，始得为真果敢矣。

[译文]

人活在世上，不可能一直安于现状处于顺境，而是常常会遇到艰难的处境。面对艰难的处境，又不能因为畏惧而逃避，因此人们崇尚果断勇敢。即使这样，果断勇敢也并非指盲目冒进。盲目冒进，是鲁莽从事；而果断勇敢，是有计划、有次序，根据决定的方案去实践，并且不屈不挠地进行，而不是贸然行事。

大禹治水时，洪水滔天，他的父亲因为治水无功而被杀，他面临的艰难处境可想而知。但他当时毅然接过重任，没有推辞。从此他率众开凿龙门，开辟伊阙，疏通九江之水，挖掘长江淮河，用了九年时间才治理好水患。他大概是借鉴了他父亲的经验教训：只依靠加固堤防而不顺应水的特性，所以导致失败。大禹把顺应水的特性作为自己治水的主要原则。他疏导、排泄、开凿的功业，都是依据地势而分别实行不同的方案，所以才能奏效。

当年墨翟拯救宋国，走了很长的路途才赶到楚国，他以"患了偷窃病的人为例"来劝说楚王放弃攻打宋国。楚王无言以对，于是借口公输般已经造了云梯，一定要攻打宋国不可。墨子于是解下衣带当作城池，用木片作为器械，让公输般来进攻。公输般多次摆设攻城的器械，而墨子多次成功地抵抗了他的进攻。公输般攻城的器械用完了，而墨子的守御战术还有剩余。

公输般进攻受挫，却说："我知道用什么办法来对付你了，但我不说。"墨子也说："我知道你用什么办法对付我了，我也不说。"楚王问原因。墨子回答说："公输般的意思，不过是想杀了我。以为杀了我，宋国就没有人能防守，他就可以顺利进攻了。但是，我的弟子禽滑厘等三百人，已经拿着我守城用的器械，在宋国的都城上等着你们呢。即使杀了我，宋国守城的人却是杀不尽的。"楚王说："好吧！我不攻打宋国了。"国土面积方圆五千里的楚国，想要攻打方圆五百里的宋国，而且又在强大的楚国攻城器械刚刚造成、军队跃跃欲试的时候，想用一个平常书生的口舌来加以劝阻，他的果断勇敢到了什么程度？虽然这样，如果墨子当时没有守城的器械，又没让他的弟子拿着他的器械先去守城，那么墨子也只会白白牺牲了自己，又怎么能拯救小小的宋国呢？

蔺相如带着和氏璧出使秦国，身边跟着几个侍从，带着价值连城的珍宝，进入吉凶难料的秦国，除了蔺相如，没有其他人敢去。蔺相如到秦国之后，感觉秦王没有用城池来换和氏璧的诚意，便用严厉的言辞来谴责他，并且做出抱璧撞柱、头璧俱碎的激烈行动来威胁秦王。即使是蛮横而背信的秦王，当时也不得不为他的勇气所折服。如果蔺相如当时不是彻底洞悉了秦王的心理，并且提前做好应对的准备，他怎么能这样从容自信呢？

那些果断勇敢的人，希望自己的所作所为能有济于事，并不是沾沾自喜，以此来炫耀自己的功劳。上面列举的三个人，足以让我们明白果断勇敢不同于鲁莽，而且只有不鲁莽，才有可能做到真正意义上的果断勇敢。

精细与多疑

《吕氏春秋》曰："物多类，然而不然。"孔子曰："恶似而非者：恶莠，恐其乱苗也，恶紫，恐其乱朱也，恶郑声，恐其乱雅乐也，恶佞，恐其乱义也，恶利口，恐其乱信也，恶乡原，恐其乱德也。"《淮南子》曰："嫌疑肖象者，众人之所眩耀；故狠者，类知而非知；愚者，类仁而非仁；戆者，类勇而非勇。"夫物之类似者，大都如此，故人不可以不精细。

孔子曰："众好之，必察焉；众恶之，必察焉。"又曰："视其所以，观其所由，察其所安，人焉廋哉？"庄子曰："人者厚貌深情，故君子远使之而观其忠，近使之而观其敬，烦使之而观其能，卒然问之而观其知，急与之期而观其信，委之以财而观其仁，告之以危而观其节。"皆观人之精细者也。不唯观人而已，律己亦然。曾子曰："吾日三省吾身：为人谋而不忠乎？与朋友交而不信乎？传不习乎？"孟子曰："有人于此，其待我以横逆，则君子必自反也：我必不仁也，必无礼也，此物奚宜至哉？其自反而仁矣，自反而有礼矣，其横逆由是也，君子必自反也：我必不忠。自反而忠矣，其横逆由是也，君子曰，此亦妄人也已矣。"盖君子之律己，其精细亦如是。

精细非他，视心力所能及而省察之云尔。若不事省察，而妄用顾虑，则谓之多疑。列子曰："人有亡铁者，意其邻之子；视其行步，窃铁也；颜色，窃铁也；动作态度，无为而不窃铁也。俄而扬其谷，而得其铁。"荀子曰："夏首之南有人焉，曰涓蜀梁。其为人也，愚而善畏，明月而宵行，俯视其影，以为伏鬼也，仰视其变，以为立魅也，背而走，比至其家，失气而死。"皆言多疑之弊也。

其他若韩昭侯恐泄梦言于妻子而独卧；五代张允，家资万计，日携众钥于衣下。多疑如此，皆所谓"天下本无事，庸人自扰之"者也。其与精细，岂可同日语哉？

[译文]

《吕氏春秋》说："事物有很多种类，有相同的地方，也有不同的地方。"孔子说："我讨厌那些似是而非的东西：讨厌杂草，是怕它让人混淆了禾苗；讨厌紫色，是怕它使人混淆了红色；讨厌郑地的音乐，是怕它扰乱了雅乐；讨厌奸人，是怕他们玷污了道义；讨厌传播流言的人，是怕他们破坏了诚信；讨厌伪君子，是怕他们败坏了道德。"《淮南子》说："外表形象的似是而非，往往是众人值得炫耀的资本：所以凶狠的人，好像很聪明而实际上并不聪明；愚蠢的人，好像很仁慈而实际上并不仁慈；鲁莽的人，好像很勇敢而实际上并不勇敢。"那些表面上类似的东西，大体上就是这样，所以人们对此必须仔细观察。

孔子说："众人都喜欢的事物，一定要认真考察；众人都讨厌的事物，也一定要认真考察。"又说："观察他为什么去做事，再观察他如何去做事，接着再观察他做事是否安心。如此观察，这个人的真实品性怎么能掩藏得住呢？"庄子说："人的品貌与性情都含而不露，所以君子会让人到远处，来观察他的忠诚；会让人到近处，来观察他的礼貌；不断地安排他做事，来观察他的能力；突然问他事情，来观察他的机智；着急地与他约定事情，来观察他的诚信；把钱财交给他，来观察他的廉洁；告诉他形势危险，来观察他的气节。"这些都是有效观察一个人品性的详细方法。不只是观察别人应该这么做，约束自己也是一样。曾子说："我天天用三个问题来反省自己：为别人谋划是不是不忠诚？与朋友交往是不是不讲信用？老师传授的知识是不是没有温习？"孟子说："如果有人对我蛮横无理，那么作为正人君子，我一定会自我反省：我一定不仁慈，一定没有礼貌，不然他怎么对我这样呢？通过自己反省而变得仁慈、礼貌之后，如果那个人还是那样对我蛮横无理，那么君子一定会接着自我反省：我一定不忠诚。自我反省而变得忠诚之后，如果那个人还是蛮横无理，那么君子才可以说：这是个无知狂妄的人啊。"君子对自己行为的约束，就是这样细心谨慎。

  细心不是别的，而是通过认真的观察，权衡自己心力所能达到的程度。如果不通过观察反省，只是妄自忧虑，那么就是多疑了。列子说："一个人丢失了一把斧头，怀疑是邻居的儿子偷的。他看邻居的儿子走路好像是小偷走路的样子，看他的表情也是小偷的神情，总之邻居儿子的动作和神态，没有一点不像小偷。过了一段时间，他翻动自家的谷子，却发现了自己的斧头。"荀子说："在夏首的南部，有一个名叫涓蜀梁的人。他为人愚蠢而胆小，在皓月当空的晚上，他一个人夜行，低头看到自己的影子，以为是地下的鬼，抬头看见这影子有变化，以为是站着的鬼，于是他转身惊慌地逃走，等到跑回家，他已经上气不接下气地吓死过去。"这都是多疑带来的坏处。

  其他多疑的事例还有：韩昭侯怕自己说的梦话让妻子听到，便一个人独自睡觉；五代时的张允，拥有万贯家财，为防备盗窃他天天随身携带许多把钥匙，别在自己的衣服底下。如此的多疑，其实就是"天下本来没有那些事情，是庸俗的人自己给自己添乱"。多疑和精细相比，怎么能同日而语呢？

尚洁与太洁

  华人素以不洁闻于世界：体不常浴，衣不时浣，咯痰于地，拭涕于袖，道路不加洒扫，厕所任其熏蒸，饮用之水，不加滲滹，传染之病，不知隔离。小之损一身之康强，大之酿一方之疫疠。此吾侪所痛心疾首，而愿以尚洁互相劝勉者也。

虽然，尚洁亦有分际。沐浴洒扫，一人所能自尽也；公共之清洁，可互约而行之者也。若乃不循常轨，矫枉而过于正，则其弊亦多。

南宋何佟之，一日洗濯十余遍，犹恨不足；元倪瓒盥頮频频易水，冠服拂拭，日以数十计，斋居前后树石频洗拭；清洪景融每靧面，辄自旦达午不休。此太洁而废时者也。

南齐王思远，诸客有诣己者，觇知衣服垢秽，方便不前，形仪鲜楚，乃与促膝，及去之后，犹令二人交拂其坐处。庾炳之，士大夫未出户，辄令人拭席洗床；宋米芾不与人共巾器。此太洁而妨人者也。

若乃采访风土，化导夷蛮，挽救孤贫，疗护疾病，势不得不入不洁之地，而接不洁之人。使皆以好洁之故，而裹足不前，则文明无自流布，而人道亦将歇绝矣。汉苏武之在匈奴也，居窖室中，啮雪与毡而吞之。宋洪皓之在金也，以马粪燃火，烘面而食之。宋赵善应，道见病者，必收恤之，躬为煮药。瑞士沛斯泰洛齐集五十余乞儿于一室而教育之。此其人视王思远、庾炳之辈为何如耶？

且尚洁之道，亦必推己而及人。秦苻朗与朝士宴会，使小儿跪而开口，唾而含出，谓之肉唾壶。此其昧良，不待言矣。南宋谢景仁居室极净丽，每唾，辄唾左右之衣。事毕，听一日浣濯。虽不似苻朗之忍，然亦纵己而蔑人者也。汉郭泰，每行宿逆旅，辄躬洒扫；及明去后，人至见之曰："此必郭有道昨宿处也。"斯则可以为法者矣。

[译文]

中国人一向以不干净而闻名于世：不经常洗澡，不经常换洗衣服，随地吐痰，用袖口擦鼻涕，不洒扫道路，听任厕所散发恶臭的气味，饮用水不加以过滤澄清，有了传染病人，也不知道去隔离。上述情形，从小的方面来说是损害了一个人的身体健康，从大的方面来看会造成一个地方瘟疫流行。这是我们痛心疾首的事情，希望大家都以崇尚整洁来互相鼓励。

不过，崇尚整洁也有一个分别。洗澡、洒扫，是一个人可以尽力而为的事情；公共环境的清洁，却是众人相互约定而加以实行的。如果不把握一个正常的尺度，矫枉而过正，那么它所带来的弊端也会很多。

南宋的何佟之，一天洗澡十几遍，还嫌不够多；元代倪瓒洗手洗脸，频繁地换水，衣服帽子经常擦拭，每天数十次，连他住房前后的树木和石头也要经常擦洗；清代的洪景融每天洗脸从早晨洗到中午还没洗完。这些都是因为太爱干净而浪费时间。

南齐的王思远，对那些登门拜访自己的客人，发现有人衣服不整洁，他就不靠近。如果来客形态庄重、衣冠整洁，他才与之促膝交谈，等到这人走了之后，他还叫来两个人轮流擦拭来客坐过的地方。南朝宋的庾炳之，来访的士大夫还没有走出门，他就让仆人擦拭客人坐过的位子；宋朝的米芾不和别人共用手巾和器具。这些都是因为太爱清洁而妨碍了别人。

如果去采访各地的风土人情，教化野蛮落后的民族，挽救孤儿穷人，治疗护理患病的人，这种情况下，很可能不得不进入不干净的地方，接触到不整洁的人。如果因为爱好整洁，就停止不前，那么文明就不能传播，人道主义也将会灭绝。汉朝的苏武被扣留在匈奴，住在洞穴中，把雪块和兽毛裹起来直接吞下去。宋朝的洪皓被扣留在金国，用马粪生火，烘熟面粉来吃。宋朝的赵善应，在路上遇见病人，就一定收养抚恤，亲自为他们煮药。瑞士的裴斯泰洛齐收留了五十多个流浪儿和孤儿，让他们同处一室进行教育。这些人与王思远、庾炳之那些人相比，怎么样呢？

况且崇尚整洁的道理，也应该从自己做起并推及别人。秦朝的苻朗与朝廷官员举行宴会，让小孩子跪着张开嘴，等宾客把痰吐到他们的嘴里，然后再出去，并称之为"肉痰盂"。不用多说，这种做法真是昧良心。南宋谢景仁居住的地方非常干净漂亮，他每次吐口痰时，就吐到左右仆人的衣服上。等每天的事情办完了，他才让仆人去洗净衣服。谢景仁的做法虽然不像苻朗那样残忍，但他仍然是放纵自己、轻视别人。汉朝的郭泰，每次住宿旅馆，都亲自洒水扫地；第二天等他离去后，新入住的客人看到这个地方，都会说："这一定是郭泰昨晚住过的地方。"这真是值得别人效仿的啊。

互助与依赖

西人之寓言曰："有至不幸之甲、乙二人。甲生而瞽，乙有残疾不能行。二人相依为命：甲负乙而行，而乙则指示其方向，遂得互减其苦状。"甲不能视而乙助之，乙不能行而甲助之，互助之义也。

互助之义如此。甲之义务，即乙之权利，而同时乙之义务，亦即甲之权利：互相消，即互相益也。推之而分工之制，一人之所需，恒出于多数人之所为，而此一人之所为，亦还以供多数人之所需。是亦一种复杂之互助云尔。

若乃不尽义务,而唯攫他人义务之产业为己权利,是谓依赖。

我国旧社会依赖之风最盛。如乞丐,固人人所贱视矣。然而纨袴子弟也,官亲也,帮闲之清客也,各官署之冗员也,凡无所事事而倚人以生活者,何一非乞丐之流亚乎?

《礼·王制》记曰:"瘖聋、跛躄、断者、侏儒,各以其器食之。"晋胥臣曰:"戚施直镈,蘧篨蒙璆,侏儒扶卢,矇瞍修声,聋聩司火。"废疾之人,且以一艺自赡如此,顾康强无恙,而不以倚赖为耻乎?

往昔慈善家,好赈施贫人。其意甚美,而其事则足以助长依赖之心。今则出资设贫民工艺厂以代之。饥馑之年,以工代赈。监禁之犯,课以工艺,而代蓄赢利,以为出狱后营生之资本。皆所以绝依赖之弊也。

幼稚之年,不能不倚人以生,然苟能勤于学业,则壮岁之所致力,足偿宿负而有余。平日勤工节用,蓄其所余,以备不时之需,则虽衰老疾病之时,其力尚足自给,而不至累人,此又自助之义,不背于互助者也。

[译文]

西方有寓言说:"有非常不幸的甲、乙两人。甲天生眼瞎,乙有残疾不能行走。两人相依为命:甲背着乙走路,乙就给甲指示方向,这样配合两人便各自减少了痛苦。"甲看不到东西而乙帮助他,乙不能行走而甲帮助他,这就是互助的意思。

互助的意思就是这样。甲的义务,就是乙的权利,而同时乙的义务,也是甲的权利;互相付出,即互相获益。由此推论出分工制度的原理:一个人的需要,往往是由很多人的劳动来满足的;而这个人的劳动,也能满足很多人的需要。这也是一种复杂的互助。

如果不尽义务，而只是以攫取他人的劳动成果为自己的权利，这就是依赖。

我国旧社会依赖之风非常盛行。如乞丐，当然是人人所鄙视的。然而，那些纨绔子弟、官僚亲友、帮闲清客、官署冗员等等，所有无所事事依赖别人而生活的人，哪一个又比乞丐强呢？

《礼记·王制》记载道："聋子、哑子、瘸子、残疾、侏儒，各自靠自己的能力吃饭。"晋国的胥臣说："驼背的，让他弓身敲钟；身有残疾不能俯视的，让他拿玉磬；身材矮小的，让他表演杂技；眼睛瞎了的，让他演奏音乐；耳聋听不见的，让他掌管烧火。"残疾的人，尚且以自己的一技之长来养活自己，看看那些健康强壮没有疾病的正常人，难道不以依赖别人为生而感到耻辱吗？

过去的慈善家，喜欢向穷人施舍。他们的本意是很好的，但他们的行为却足以助长对方产生依赖的心理。现在的办法是，以出资兴建贫民工厂来代替施舍。饥荒之年，以工代赈。被监禁的犯人，让他们做工艺活，替他们把挣来的钱储存起来，作为出狱后谋生的资本。这些都是杜绝依赖弊端的好举措。

年幼的人，不得不依靠别人而生活，但是如果他能够勤奋学习，成年后努力工作，那么他完全能偿还以前所欠下的抚养资金并能有所剩余。平常他勤奋工作，节约开支，把多余的钱储蓄起来，以备日后需要，这样即便是在他衰老生病的时候，还能依靠自己的储蓄自给自足，而不至于拖累别人，这又是自助的意思，与互助并不矛盾。

爱情与淫欲

尽世界人类而爱之，此普通之爱，纯然伦理学性质者也。而又有特别之爱，专行于男女之间者，谓之爱情，则以伦理之爱，而兼生理之爱者也。生理之爱，常因人而有专泛久暂之殊，自有夫妇之制，而爱情乃贞固。此以伦理之爱，范围生理之爱，而始有纯洁之爱情也。

纯洁之爱，何必限于夫妇？曰既有所爱，则必为所爱者保其康健，宁其心情，完其品格，芳其闻誉，而准备其未来之幸福。凡此诸端，准今日社会之制度，唯夫妇足以当之。若于夫妇关系以外，纵生理之爱，而于所爱者之运命，恝然不顾，是不得谓之爱情，而谓之淫欲。其例如下：

一曰纳妾。妾者，多由贫人之女卖身为之。均是人也，而侪诸商品，于心安乎？均是人也，使不得与见爱者敌体，而视为奴隶，于心安乎？一纳妾而夫妇之间，猜嫌迭起，家庭之平和为之破坏；或纵妻以虐妾，或宠妾而疏妻，种种罪恶，相缘以起。稍有人心，何忍出此？

二曰狎妓。妓者，大抵青年贫女，受人诱惑，被人压制，皆不得已而业此。社会上均以无人格视之？吾人方哀矜之不暇，而何忍亵视之。其有为妓脱籍者，固亦救拔之一法；然使不为之慎择佳偶，而占以为妾，则为德不卒，而重自陷于罪恶矣。

三曰奸通。凡曾犯奸通之罪者，无论男女，恒为普通社会所鄙视，而在女子为尤甚，往往以是而摧灭其终身之幸福：甚者自杀，又甚者被杀。吾人兴念及此，有不为之慄慄危惧，而悬为厉禁者乎？

其他不纯洁之爱情，其不可犯之理，大率类是，可推而得之。

[译文]

关爱全世界的人,这是普遍意义上的爱,纯粹是伦理学的性质。还有特别的爱,专门发生在男女之间,叫作爱情,这种爱既有伦理之爱,也有生理之爱的成分。生理之爱,常常因人不同而有专一与分散、长久与短暂的不同。自从有了夫妻制度,爱情才变得忠贞牢固。这是以伦理之爱,包含了生理之爱,而开始有了纯洁的爱情。

纯洁的爱情,为什么一定要限于夫妇之间呢?我们说既然爱对方,那么就一定要保护所爱的人身体健康,让对方产生安全感,完善对方的品格,美化对方的声誉,并为对方未来的幸福做好准备。凡此种种,以今天的社会制度来衡量,只有夫妻双方足以担当。如果在夫妻关系之外,放纵生理上的欲望,而对于所爱之人的命运漠不关心,这是不能称为爱情的,而是淫欲。举例如下:

一是纳妾。小妾,大多是穷苦人家的女子卖身而为。同样是人,她们却变成了商品,我们内心能安宁吗?同样是人,却不能使她们与被爱的人平等,而被看作奴隶,我们内心能安宁吗?一旦纳妾,那么夫妻之间就会猜疑丛生,家庭的平和氛围被打破。纳妾者或者是放纵妻子虐待小妾,或者是宠爱小妾而疏远妻子,种种罪恶的行为由此而产生。稍微有点良心的话,我们会做这样的事情吗?

二是嫖妓。妓女,大多是穷苦的青年女子,受人诱惑,被人压迫,都是迫不得已而以此为业。社会上的人难道都不把她们当人看吗?我们同情可怜她们还来不及,哪里忍心对她们动邪念呢!有的人用钱把妓女赎出来,固然是救助她们的一种方法;但是赎身后如果不慎重地为她们选择配偶,而是霸占她们作为自己的小妾，那就是善事没有做完，而又让自己重新陷入了罪恶。

三是通奸。凡是犯有通奸罪的人，不论男女，都为全社会所鄙视，对于女性尤其如此，往往因此而毁掉她终身的幸福，严重的选择自杀，更严重的甚至被杀。想到这些，我们能不害怕得发抖，并以此为戒、严禁通奸吗？

其他不纯洁的爱情，不应当发生的道理，大体上和上面类似，可以通过推论而得到。

方正与拘泥

孟子曰："人有不为也，而后可以有为。"盖人苟无所不为，则是无主宰，无标准，而一随外界之诱导或压制以行动，是乌足以立身而任事哉，故孟子曰："仰不愧于天，俯不怍于人。"又曰："富贵不能淫，贫贱不能移，威武不能屈。"言无论外境如何，而决不为违反良心之事也。孔子曰："非礼勿视，非礼勿听，非礼勿言，非礼勿动。"谓视听言动，无不循乎规则也。是皆方正之义也。

昔梁明山宾家中尝乏困，货所乘牛。既售，受钱，乃谓买主曰："此牛经患漏蹄，疗差已久，恐后脱发，无容不相语。"买主遽取还钱。唐吴兢与刘子玄，撰定武后实录，叙张昌宗诱张说诬证魏元忠事。后说为相，读之，心不善，知兢所为，即从容谬谓曰："刘生书魏齐公事，不少假借奈何？"兢曰："子玄已亡，不可受诬地下。兢实书之，其草故在。"说屡以情蕲改。辞曰："徇公之请，何名实录？"卒不改。一则宁失利而不肯欺人，一则既不诬友，又不畏势。皆方正之例也。

然亦有方正之故，而涉于拘泥者。梁刘进，兄献每隔壁呼进。进束带而后语。吴顾恺疾笃,妻出省之,恺命左右扶起,冠帻加袭,趣令妻还。虽皆出于敬礼之意,然以兄弟夫妇之亲,而尚此烦文,亦太过矣。子从父令,正也。然而《孝经》曰:"父有争子,则身不陷于不义。"孔子曰:"小杖则受,大杖则走,不陷父于不义。"然则从令之说,未可拘泥也。官吏当守法令,正也。然汉汲黯过河南,贫民伤水旱万余家,遂以便宜持节发仓粟以赈贫民,请伏矫制之罪。武帝贤而释之。宋程师孟,提点夔部,无常平粟,建请置仓;遘凶岁,赈民,不足,即矫发他储,不俟报。吏惧,白不可。师孟曰:"必俟报,饥者尽死矣。"竟发之。此可为不拘泥者矣。

[译文]

孟子说:"一个人首先要有不能做的事,然后才有应该做的事。"大概我们如果什么都去做,那就是没有主张,没有标准,而完全受外界的诱导或逼迫来行动,这样是不能够站稳脚跟、担当大任的。所以孟子说:"上不愧对于天,下不愧对于人。"他又说:"高官厚禄收买不了,贫穷困苦折磨不了,强暴武力威胁不了。"这句话的意思是说无论外部环境如何,决不做违背良心的事。孔子说:"不合乎礼的东西不看,不合乎礼的传闻不听,不合于礼的话不说,不合于礼的事不做。"这句话是说我们看、听、说、做等一切行为,都要合乎道德规范。这都是做人要正直的道理。

南朝梁人明山宾,家中曾经非常贫穷,为了生计他把自己所骑的牛卖了。卖完拿了钱,他对买主说:"这头牛曾经患过漏蹄病,治好很久了,我怕它以后旧病复发,不能不告诉你。"买主听后急忙退了牛,把钱拿回去了。唐朝的史官吴兢与刘子玄,写好了武则天实录,其中叙述了张昌宗引诱张说诬陷魏元忠的事。后来张说做了宰相,读到这段故事,心里不痛快,知道是吴兢写的,就装作很自然地对吴兢说:"刘子玄写魏元忠的事,有不少是虚假的,怎么办?"吴兢说:"刘子玄已经死了,不能在地下还受到诬陷。那段事是我写的,草稿还在我手里。"张说多次以私情求吴兢改写这段故事。吴兢拒绝说:"如果我遵照了您的请求去作修改,那还叫什么实录?"最终没做改动。一个是宁可失去利益也不肯欺骗别人,一个是既不诬陷朋友又不畏惧权势。这都是刚正不阿的例子。

然而,也有因为过于方正,而显得死板教条的。南朝梁代的刘进,他哥哥刘献常常隔着墙壁呼唤刘进,刘进每次都要系好衣带端正礼仪后才跟他说话。三国时吴国的顾恺有一次病得很厉害,他的妻子出来看他,顾恺让旁边的人把他扶起床,戴好帽子穿好衣服,然后催促妻子赶紧回去。虽然这些行为都是出于尊敬和礼貌,但以兄弟夫妻这样亲密的关系,都这样拘泥于烦琐的礼节,也太过分了。儿子听父亲的话,这是正确的。然而《孝经》说:"父亲有敢于提意见的儿子,就不会做出错误的事情。"孔子说:"小的惩罚就接受,大的惩罚就逃走,这是为了不让父亲因过度惩罚自己而犯错。"既然这样,那么服从命令一说,就不能死板教条。官吏应当遵守法令,这是正确的。然而西汉的汲黯路过河南,看到有一万多户贫民遭受旱涝灾害,于是就根据具体情况,手持符节开仓放粮以救济受灾贫民,然后请皇帝治自己假称皇帝圣旨的罪。汉武帝认为他贤良就赦免了他。宋朝的程师孟,做掌管夔路法律实施的长官。夔路当时没有救荒粮,程师孟建议设置粮仓储备粮食。遇到灾荒之年,开仓救济贫民,粮食不够,于是就假称皇帝的圣旨,不等皇帝的旨意到达,就开放其他地方的粮仓。办事的官员感到害怕,说这样做不行。程师孟说:"如果一定要等皇帝的圣旨到达,那些饥饿的人就会全部死了。"于是他命令众官员打开粮仓赈民。这可算是不死板教条的了。

谨慎与畏葸

果敢之反对为畏葸；而卤莽之反对为谨慎。知果敢之不同于鲁莽，则谨慎之不同于畏葸，盖可知矣。今再以事实证明之。

孔子，吾国至谨慎之人也，尝曰："谨而信。"又曰："多闻阙疑，慎言其余，多见阙殆，慎行其余。"然而孔子欲行其道，历聘诸侯。其至匡也，匡人误以为阳虎，带甲围之数匝，而孔子弦歌不辍。既去匡，又适卫，适曹，适宋，与弟子习礼大树下。宋司马桓魋，欲杀孔子，拔其树。孔子去，适郑、陈诸国而适蔡。陈、蔡大夫，相与发徒役，围孔子于野，绝粮，七日不火食。孔子讲诵弦歌不衰。围既解，乃适楚，适卫，应鲁哀公之聘而始返鲁。初不以匡、宋、陈、蔡之厄而辍其行也。其作《春秋》也，以传指口授弟子，为有所刺、讥、褒、讳、挹、损之文辞，不可以书见也。是其谨慎也。然而笔则笔，削则削。吴楚之君自称王，而《春秋》贬之曰子。践土之会，晋侯实召周天子，而《春秋》讳之曰：天王狩于河阳。初无所畏也。故曰："慎而无礼则葸。"言谨慎与畏葸之别也。人有恒言曰："诸葛一生唯谨慎。"盖诸葛亮亦吾国至谨慎之人也。其《出师表》有曰："先帝知臣谨慎，故临崩寄臣以大事也。"然而亮南征诸郡，五月渡泸，深入不毛；其伐魏也，六出祁山，患粮不继，则分兵屯田以济之。初不因谨慎而怯战。唯敌军之司马懿，一则于上邦之东，敛兵依险，军不得交，再则于卤城之前，又登山掘营不肯战，斯贾诩、魏平所谓畏蜀如虎者耳。

且危险之机，何地蔑有。试验化电，有爆烈之虞，运动机械，有轧轹之虑，车行或遇倾覆，舟行或值风涛，救火则涉于焦烂，侍疫则防其传染。若一切畏缩而不前，不将与木偶等乎？要在谙其理性，预为防范。孟子曰："知命者，不立乎岩墙之下。"汉谚曰："前车覆，后车戒。"斯为谨慎之道，而初非畏葸者之所得而托也。

[译文]

果敢的反义词是畏葸；鲁莽的反义词是谨慎。理解了果敢与鲁莽的不同，那么谨慎与畏葸的不同也就可以理解了。现在再用事实证明这一点。

孔子，是我国历史上非常谨慎的人，他曾经说："谨慎而讲信用。"又说："多听，有怀疑的部分加以保留，其余知道的部分谨慎地说出；多看，有怀疑的部分加以保留，其余了解的部分谨慎去做。"但是孔子想要实行自己的主张，游历各个诸侯国。他到了匡地，匡人误把他认作阳虎，派卫兵把他围了好几层，然而孔子却在那儿不停地弹琴歌唱。离开匡地以后，他又先后到卫国、曹国、宋国，和弟子们在大树下练习礼仪。宋国的司马桓魋想杀孔子，便砍倒了这棵大树。孔子只得离去，到了郑国、陈国等国后，又来到蔡国。陈国和蔡国的大夫相约派士兵把孔子围在野外，断绝了粮食，让孔子七天不能生火做饭。孔子照样讲课唱歌。解了陈、蔡的围困之后，他便来到楚国、卫国，最后应鲁哀公的邀请回到了鲁国。孔子不因为在匡、宋、陈、蔡等地遭受的厄运而停止自己的行动。他写《春秋》一书，把他要表达的意思口授给弟子们，认为攻击、嘲笑、表扬、忌讳、抒情、贬损等表达情绪的文字，不应该出现在书中。这体现了孔子谨慎的态度。然而，该写的还是要写，该贬的还是要贬。吴国楚国的君主自称为王，而《春秋》却贬称他们为子。

践土的盟会,实际上是晋国国君召来了周天子,而《春秋》却避讳说:天王打猎于河阳。一点也不畏惧。所以说:"谨慎而不遵循礼制,就是畏惧。"这是说谨慎与畏惧的区别。人们常说:"诸葛亮一生非常谨慎。"诸葛亮也是我国历史上非常谨慎的人。他在《出师表》中说:"先帝知道我非常谨慎,所以临去世时把大事托付给我。"然而诸葛亮向南征伐各地,五月渡过泸河,深入到荒无人烟的地方;他率军讨伐魏国,六次出兵祁山,由于担心粮草供给中断,就分兵开垦田地来救济军用。诸葛亮当时并不是因为谨慎而害怕征战。只是魏将司马懿,一方面在蜀国东部依据险要地势屯兵固守,军队得不到交战的机会;另一方面又在卤城前面登山扎营不肯交战。这就是贾诩、魏平所说的,害怕蜀国军队就像怕虎一样。

况且险情哪里都有。进行电学方面的试验,有爆炸的危险;操作机械,有被轧伤的顾虑;坐车有时候会遇到翻车;坐船有时候会遇到风浪;救火则有可能被烧伤,伺候传染病人则要防备被传染。如果对任何事情都畏缩不前,那不是形同木偶吗?重要的是认识其中的规律,提前做好防范。孟子说:"懂得天理的人,不会站在石墙之下。"汉代谚语说:"前面的车翻了,后面的车就要引以为戒。"这是谨慎的道理,而不是畏惧的人将其作为借口的。

有恒与保守

有人于此,初习法语,未几而改习英语,又未几而改习俄语,如是者可以通一国之言语乎?不能也。有人于此,初习木工,未几而改习金工,又未几而改习制革之工,如是而可以成良工乎?不能也。事无大小,器无精粗,欲其得手而应心,必经若干次之练习。苟旋作旋辍，则所习者，旋去而无遗。例如吾人幼稚之时，手口无多能力，积二三年之练习，而后能言语，能把握。况其他学术之较为复杂者乎？故人不可以不有恒。

昔巴律西之制造瓷器也，积十八年之试验而后成。蒲丰之著自然史也，历五十年而后成。布申之习图画也，自十余岁以至于老死。使三子者，不久而迁其业，亦乌足以成名哉。

虽然，三子之不迁其业，非保守而不求进步之诈也。巴氏取土器数百，屡改新窑，屡傅新药，以试验之。三试而栗色之土器皆白，宜以自为告成矣；又复试验八年，而始成佳品。又精绘花卉虫鸟之形于其上，而后见重于时。蒲氏所著，十一易其稿，而后公诸世？布氏初学于其乡之匠工，尽其技，师无以为教；犹不自足，乃赴巴黎，得纵目于美术界之大观；犹不自足，立志赴罗马，以贫故，初至佛棱斯而返，继止于里昂，及第三次之行，始达罗马，得纵观古人名作，习解剖学，以古造象为模范而绘之，假绘术书于朋友而读之，技乃大进。晚年法王召之，供奉于巴黎之画院；末二年，即辞职，复赴罗马；及其老而病也，曰："吾年虽老，吾精进之志乃益奋，吾必使吾技达于最高之一境。"向使巴氏以三试之成绩自画，蒲氏以初稿自画，布氏以乡师之所授、巴黎之所得自画，则其著作之价值，又乌能煊赫如是；是则有恒而又不涉于保守之前例也；无恒者，东驰西骛，而无一定之轨道也。保守者，踯躅于容足之地，而常循其故步者也。有恒者，向一定之鹄的，而又无时不进行者也；此三者之别也。

[译文]

有一个人，刚开始学习法语，没过多久改学英语，又没过多久改学俄语，像这样学习能够精通一个国家的语言吗？不能。

有一个人，刚开始学习木工，没过多久改学金工，又没过多久改学制革，像这样能成为一个好的工匠吗？不能。事情不论大小，器具不论精细、粗糙，想要做到得心应手，必须要经过多次反复练习。如果刚开始做就中途停止，那么所学到的一点东西很快就忘掉了。比如我们小的时候，手与口都没有多少能力，通过积累两三年的练习，然后才能说话，才能拿东西，何况其他更复杂的学问和技术呢？所以人们做事不能没有恒心。

从前巴律西制造瓷器，经过了十八年的试验之后才做成。布（蒲）丰写自然史，经过了五十年的努力之后才写成。布申学习绘画，从十多岁开始，一直到老死都在学。如果上述三个人，刚开始不久就改做其他事情，那么也就很难成名了。

虽然这样，但他们三个人不改做其他事情，并不是因为保守而不求上进。巴律西拿出数百件陶器，多次改建新窑，多次在陶器上涂抹新药，以进行试验。经过三次试验，栗色的陶器都变白了，可以自认为做成了；但是他又进行了八年试验，才做出了上好的瓷器。他又在瓷器上精心绘制花卉虫鸟，这样以后才引起了当时人们的重视。布丰著写自然史，先后改了十一次，然后才公布于世。布申起先师从他家乡的画匠，这位画匠向布申传授完所有的技法，再也没有新的内容可教了；布申仍然不满足，于是就到巴黎去，得到尽情欣赏美术杰作的机会；他还是不满足，立志要去罗马，后来因为贫穷，到了佛罗伦萨后不得不返回，继而在里昂中止了行程，到他第三次出行，才到达罗马。于是他纵情观赏古人的名作，学习解剖学，以古代的雕像为摹本进行绘画，向朋友借来绘画书籍苦读，最终他的绘画技巧大有长进。布申晚年时法国国王召见他，把他供养在巴黎画院。最后两年，他辞了职，又去罗马。他在衰老而得病的时候，说："我虽然老了，我精益求精的上进之心却更加强烈了，我一定要使我的绘画技巧达到最高的境界。"如果巴律西以三次试验的结果就满足了，布丰以自己的初稿而满足，布申以家乡的老师所教的和在巴黎所得到的知识为满足，那么他们作品的价值，又怎么能这样显耀呢？这是有恒心而又不保守的先例。没有恒心的人，东张西望，没有一定的套路。保守的人，徘徊于只能容足的地方，而且常常照着原来的脚印走路。有恒心的人，有固定的宏伟目标，而又无时无刻不在向着既定的目标奋进。这就是上述三人与一般人的不同之处。

智育十篇

文　字

　　人类之思想，所以能高出于其他动物，而且进步不已者，由其有复杂之语言，而又有划一之文字以记载之。盖语言虽足为思想之表识，而不得文字以为之记载，则记忆至艰，不能不限于简单；且传达至近，亦不能有集思广益之作用。自有文字以为记忆及传达之助，则一切已往之思想，均足留以为将来之导线；而交换知识之范围，可以无远弗届。此思想之所以日进于高深，而未有已也。

　　中国象形为文，积文成字，或以会意，或以谐声，而一字常止一声。西洋各国，以字母记声，合声成字，而一字多不止一声。此中西文字不同之大略也。

　　积字而成句，积句而成节，积节而成篇，是谓文章，亦或单谓之文。文有三类：一曰，叙述之文。二曰，描写之文。三曰，辩论之文。叙述之文，或叙自然现象，或叙古今之人事，自然科学之记载，及历史等属之。描写之文，所以写人类之感情，诗、赋、词、曲等属之。辩论之文，所以证明真理，纠正谬误，孔、孟、老、庄之著书，古文中之论说辩难等属之。三类之中，间亦互有出入，如历史常参论断，诗歌或叙故事是也。吾人通信，或叙事，或言情，或辩理，三类之文，随时采用。

今之报纸，有论说，有新闻，有诗歌，则兼三类之文而写之。

[译文]

　　人类的思想，之所以能高出其他动物，而且还在不停地进步，是因为有复杂的语言，又有整齐划一的文字以记载语言。语言虽然能表达思想，但如果得不到文字记载的话，记忆就会很艰难，只能局限在简单的层次；而且只能在很近的地方传播，也无法具有集思广益的作用。自从有文字来帮忙记忆以及传达以来，一切已经过去的思想，都可以保留下来成为将来的基础；而且知识交换的范围，也可以不受距离的限制。这就是思想之所以日渐进步并永无止境的缘故。

　　中国文字以象形构成笔画，再由笔画组合成文字，有些是会意字，有些是形声字，而且一个字常常只有一个音节。西方国家，以字母记录读音，将读音组合成字词，而且一个字词往往不止一个音节。这就是中西文字不同之处的大概情况。

　　字词组合成为句子，句子排列成为段落，段落积累成为篇章，这就叫做文章，也可以单称为"文"。文有三种类型：一是叙述，二是抒情，三是辩论。叙述文，有的叙述自然现象，有的叙述古往今来的人物、事件，记载自然科学，以及历史等一类的内容。抒情文，是用来抒写人类的情感，如诗、赋、词、曲等类都属于抒情文。辩论文，是用来证明真理，纠正谬误，孔子、孟子、老子、庄子的著作，古文中的论、说、辩、难等议论文章都属于辩论文。这三种文章类型之中，有时也互相有所交叉，比如写历史的叙述文中常常夹杂一些论断，诗歌有时候也叙述故事。我们通信时，信中或者叙事，或者言情，或者说理，三类手法都可以随时采用。现在的报纸上，有评论，有新闻，有诗歌，都是兼备了三类文章而写作的。

图 画

吾人视觉之所得，皆面也。赖肤觉之助，而后见为体。建筑、雕刻，体面互见之美术也。其有舍体而取面，而于面之中，仍含有体之感觉者，为图画。

体之感觉何自起？曰：起于远近之比例，明暗之掩映。西人更益以绘影写光之法，而景状益近于自然。

图画之内容：曰人，曰动物，曰植物，曰宫室，曰山水，曰宗教，曰历史，曰风俗。既视建筑雕刻为繁复，而又含有音乐及诗歌之意味，故感人尤深。

图画之设色者，用水彩，中外所同也。而西人更有油画，始于"文艺中兴"时代之意大利，迄今盛行。其不设色者，曰水墨，以墨笔为浓淡之烘染者也。曰白描，以细笔钩勒形廓者也。不设色之画，其感人也，纯以形式及笔势，设色之画，其感人也，于形式、笔势以外，兼用激刺。

中国画家，自临摹旧作入手。西洋画家，自描写实物入手。故中国之画，自肖像而外，多以意构，虽名山水之图，亦多以记忆所得者为之。西人之画，则人物必有概范，山水必有实景，虽理想派之作，亦先有所本，乃增损而润色之。

中国之画，与书法为缘，而多含文学之趣味。西人之画，与建筑、雕刻为缘，而佐以科学之观察，哲学之思想。故中国之画，以气韵胜，善画者多工书而能诗。西人之画，以技能及义蕴胜，善画者或兼建筑、图画二术。而图画之发达，常与科学及哲学相随焉。中国之图画术，托始于虞、夏，备于唐，而极盛于宋，其后为之者较少，而名家亦复辈出。西洋之图画术，托始于希腊，发展于十四、十五世纪，极盛于十六世纪。近三世纪,则学校大备,画人伙颐,而标新领异之才,亦时出于其间焉。

[译文]

我们视觉所看到的,都是平面,依靠触觉的帮助,才有立体感。建筑和雕塑都是平面和立体互见的艺术类型。艺术中还有舍弃立体,只取平面,但在平面之中,仍然含有立体的感觉,这就是绘画。

立体的感觉从何而来?可以这样说:来自物体远近的比例,明暗的层次掩映。西方人更利用光与影之间关系的描绘技法,使绘出的景物更加接近于自然。

绘画的内容包括:人、动物、植物、建筑、山水、宗教、历史、风俗。比起建筑雕塑等艺术来,绘画艺术既显得丰富复杂,又含有音乐、诗歌的韵味,所以非常感人。

绘画的颜色是用水彩来做的,中外都一样。但是,西方人还有油画,它始于文艺复兴时期的意大利,至今仍然盛行。而绘画中还有不带颜色的:一种称为水墨画,是以墨笔来体现画面的浓淡;一种称为白描,是用细笔勾勒物体的轮廓。不带颜色的画,纯粹以形式和笔势来感染人,而带颜色的画感染人的地方,除了形式、笔势之外,还有色彩的对比反差。

中国的画家,学绘画从临摹前人的旧作入手;西方的画家,学绘画从描写实物入手。所以中国画之中,除了肖像画以外,多数是以意境构成,虽然称为山水画,也大多是画家凭着记忆中的印象描绘出来的。西洋画,人物画一定要有模特儿,山水画一定要有实景,即使是理想派的作品,也要先有蓝本,再在蓝本的基础上进行修改和润色。

中国画与书法有密切关系,并且大多含有文学方面的趣味。

西方人的画则与建筑、雕塑有联系,并伴有科学的观察、哲学的思想。所以中国画以气韵取胜,善于绘画的人多数也精通书法、擅长写诗;西方的画以技能和意蕴取胜,善于绘画的人有的兼通建筑与绘画两种艺术。而且绘画艺术的进步,常常与科学、哲学的发展相伴随。中国的绘画,起源于上古的尧、舜、禹时期,成熟于唐朝,鼎盛于宋朝,此后绘画的人逐渐减少,但也时时有名家辈出。西方的绘画,起源于古希腊时期,发展于十四、十五世纪,十六世纪最为兴盛。近三个世纪以来,传授绘画的学校大为齐备,画家众多,其间也不时有标新立异的人才出现。

音 乐

音乐者,合多数声音,为有法之组织,以娱耳而移情者也。其所托有二:一曰人声,歌曲是也。二曰音器,自昔以金、石、丝、竹、匏、土、革、木者为之;今所常用者,为金、革、丝、竹四种。音乐中所用之声,以一秒中三十二颤者为最低,八千二百七十六颤者为最高。其间又各自为阶,如二百五十颤至五百十七颤之声为一阶,五百十七颤至千有三十四颤之声又自为一阶等,谓之音阶是也。一音阶之中,吾国古人选取其五声以作乐。其后增为七及九。而西人今日之所用,则有正声七,半声五,凡十二声。

声与声相续,而每声所占之时价,得量为伸缩。以最长者为单位。由是而缩之,为二分之一,四分之一,八分之一,十六分之一,三十二分之一,及六十四分之一焉。同一声也,因乐器之不同,而同中有异,是为音色。

不同之声,有可以相谐的,或隔八位,或隔五位,或隔三位，是为谐音。

合各种高下之声，而调之以时价，文之以谐音，和之以音色，组之而为调、为曲，是为音乐。故音乐者，以有节奏之变动为系统，而又不稍滞于迹象者也。其在生理上，有节宣呼吸、动荡血脉之功。而在心理上，则人生之通式，社会之变态，宇宙之大观，皆得缘是而领会之。此其所以感人深，而移风易俗易也。

[译文]

音乐，是以一定的规律将多种声音组织起来，使人们通过娱乐来陶冶情操的一门艺术。音乐的载体有两种：一是人的声音，歌曲就是人声；二是乐器，古代的"八音"也就是用八种不同材料制成的乐器：金、石、丝、竹、匏、土、革、木。现在所常用的，有金（如锣、铙、钹等打击乐器）、革（如鼓）、丝（如琴、筝）、竹（如箫、笛）等四种。音乐中使用的音，以每秒振动三十二次的频率为最低，每秒振动八千二百七十六次的频率为最高，其间又各自有阶段划分，比如从每秒二百五十次振动到每秒五百一十七次振动的频率为一阶，每秒五百一十七次振动到每秒一千零三十四次振动的频率又是一阶，这就是音阶。一个音阶之中，我国古代取其中的五个音作曲，后来增加到七声音阶和九声音阶。而西方人现在所用的是七个正音，五个半音，一共十二音阶。

音与音相连续，而每个音所占的时间长短都不一样，这叫作音符。以最长的全音符为基本单位，以此依次递减，有二分之一的二分音符，有四分之一的四分音符，八分之一的八分音符，十六分之一的十六分音符，三十二分之一的三十二分音符，以及六十四分之一的六十四分音符。同一个音，由于演奏乐器的不同，而在同音中有所差别，这就是音色。

不同的音，有的可以和谐相配，比如相隔八位，或者相隔五位，或者相隔三位，这叫作谐音（编注：今称为"和弦"）。

组合了各种高低音阶，协调音符时值，以和弦为修饰，选择相适应的音色，组成曲调，这就是音乐。所以音乐是以有节奏的音符变动作为一个系统，而又丝毫不显得板滞、停顿的声音艺术。它在生理上，可以起到调节呼吸节律、促使血脉流动的作用；在心理上，可以由它而领悟人生境界、社会变迁、宇宙万象。这就是它能够感人至深、达到移风易俗效果的根本原因。

戏　剧

在闳丽建筑之中，有雕刻、装饰及图画，以代表自然之景物。而又演之以歌舞，和之以音乐，集各种美术之长，使观者心领神会，油然与之同化者，非戏剧之功用乎？我国戏剧，托始于古代之歌舞及俳优；至唐而始有专门之教育；至宋、元而始有完备之曲本；至于今日，戏曲之较为雅驯、声调之较为沉郁者，唯有"昆曲"，而不投时人之好，于是"汉调"及"秦腔"起而代之。汉调亦谓之皮黄，谓西皮及二黄也。秦腔亦谓之梆子。

西人之戏剧，托始于希腊，其时已分为悲剧、喜剧两种，各有著名之戏曲。今之戏剧，则大别为歌舞及科白二种。歌舞戏又有三别：一曰正式歌舞剧（Opéra），全体皆用歌曲，而性质常倾于悲剧一方面者也。二曰杂体歌舞剧（Opéra-Comique），于歌曲之外，兼用说白，而参杂悲剧以喜剧之性质者也。三曰小品歌舞剧（Opérette），全为喜剧之性质，亦歌曲与说白并行，而结体较为轻佻者也。科白剧又别为二：一曰悲剧（Tragique），二曰喜剧（Comédie），皆不歌不舞，不和以音乐，而言语行动，一如社会之习惯。今我国之所谓新剧，即仿此而为之。西人以戏剧为社会教育之一端，故设备甚周。其曲词及说白，皆为著名之文学家所编；学校中或以是为国文教科书。其音谱，则为著名之音乐家所制。其演剧之人，皆因其性之所近，而研究于专门之学校，能洞悉剧本之精意，而以适当之神情写达之。故感人甚深，而有功于社会也。其由戏剧而演出者，又有影戏：有象无声，其感化力虽不及戏剧之巨，然名手所编，亦能以种种动作，写达意境；而自然之胜景，科学之成绩，尤能画其层累曲折之状态，补图书之所未及。亦社会教育之所利赖也。

[译文]

在宏伟壮丽的建筑之中，含有雕塑、装饰以及绘画等手法，以代表自然的景物，而又加上歌舞的表演，音乐的唱和，集中各种美术的长处，使观众心领神会，油然而产生同化感的，不正是戏剧的功效吗？我国的戏剧，起源于古代的歌舞和俳优戏；唐代开始有专门的教坊组织教习演剧；宋元时期才开始出现完整的戏曲剧本；到了现代，戏曲中文辞比较雅驯、声调比较沉郁的，只有"昆曲"，但它已经不投合时人的爱好，于是"汉调"、"秦腔"等地方戏兴起并取代了昆曲。汉调也叫作皮黄，就是西皮和二黄；秦腔也称作梆子。

西方戏剧，起源于古希腊，当时就已经分为悲剧、喜剧两种，各有著名的戏曲作品。现代戏剧，大致分为歌舞剧和话剧两种。歌舞剧又分三种：一是正式歌舞剧，全部用歌曲，其内容多倾向于悲剧性方面；二是杂体歌舞剧，在歌曲之外还兼用说白，在悲剧中又掺杂了喜剧的性质；三是小品歌舞剧，全是喜剧的性质，也是歌曲与说白兼用，情节结构比较轻佻。话剧又分两种：一是悲剧，二是喜剧，都没有歌舞，不用配乐，对白和动作都和社会生活习惯一样。现在我国所谓的"新剧"，就是仿效西方话剧而创作的。

　　西方人将戏剧作为社会教育方式的一种，所以对它的设置很周全。戏剧的曲词以及说白，都是著名的文学家编写的，有些学校甚至用戏剧剧本作为国文教科书。戏剧的乐谱，由著名音乐家谱写。戏剧的演员，都是因为自身性格喜好与这门艺术相近，从而在专门的学校进行研习，能够透彻把握剧本的深刻含义，并以适当的神情来表达，所以能感人至深，对社会产生巨大影响。

　　以戏剧方式演出的艺术，还有一种影戏（编注：即电影，当时电影还处于默片时期）：有影像而没有声音，其感染力虽然不及戏剧的巨大，但名家所编创的影戏，也能以种种动作表达意境；而且对于大自然的美景，科学研究的成果，影戏尤其能细致刻画其中层次曲折的各种状态，补充图画书本所无法表达的内容。这也是一种很好的社会教育方式。

诗　歌

　　人皆有情。若喜、若怒、若哀、若乐、若爱、若惧、若怨望、若急迫，凡一切心理上之状态，皆情也；情动于中，则声发于外，于是有都、俞、噫、咨、吁、嗟、乌呼、咄咄、荷荷等词，是谓叹词。

　　虽然，情之动也，心与事物为缘。若者为其发动之因，若者为其希望之果，且情之程度，或由弱而强，或由强而弱，或由甲种之情而嬗为乙种，或合数种之情而冶诸一炉，有决非简单之叹词所能写者，于是以抑扬之声调，复杂之语言形容之。而诗歌作焉。

声调者，韵也，平、侧声也。"平"者，声之位于长短疾徐之间者也，其最长最徐之声曰"去"，较短较徐之声曰"上"，最短最徐之声曰"入"。三者旨为侧声。

语言者，词句也。古者每句多四言，而其后多五言、及七言，以八句为一首者，曰律诗，十二句以上，曰排律。四句者，曰绝句（绝句偶有六言者）。古体诗则句数无定。诗之字句有定数，而歌者或不能不延一字为数声，或蹙数字为一声，于是乎有准歌声之延蹙以为诗者，古者谓之乐府，后世则谓之词。词之复杂而通俗者谓之曲：词所用之字，不唯辨平侧，而又别清浊，所以谐于歌也。

古者别诗之性质为三：曰风，曰雅，曰颂。风，纯乎言情者也；雅，言情而兼叙事者也；颂，所以赞美功德者也，后世之诗，亦不外乎此三者。与诗相类者有赋，有骈文。其声调皆不如诗之谨严。赋有韵，而骈文则不必有韵。

[译文]

人类都有情感，如喜、怒、哀、乐、爱恋、惧怕、怨恨、急躁等等，凡是一切心理上的状态，都是情感。情感产生于内心，对外则发出声音，于是有都、俞、噫、咨、吁、嗟、呜呼、咄咄、呵呵等词，称作感叹词。

虽然这样，但是情感的发生还是缘于心与事物发生关系。其中有情感产生的原因，有情感所希望的结果，而且情感的程度，或者由弱到强，或者由强到弱，或者从这种情感转变为另一种情感，或者综合了多种情感为一体，有些情感绝非简单的感叹词所能描述，于是人们用抑扬顿挫的声调和复杂的语言来形容它，从而产生了诗歌。

声调就是韵以及平、仄声。"平"是指发声位于长短缓急之间的音调，最长最缓的音调称为"去"声，较短较缓的音调称为"上"声，最短最缓的音调称为"入"声，后三者都是仄声。

语言就是词句。我国诗歌的语言，最早的每句多数是四言，其后以五言、七言为多。一首八句的诗，称作律诗，十二句以上的则称作排律。一首四句的诗称为绝句（绝句也偶尔有六言句的）。古体诗的句数不确定。诗的字句有一定的规格，但唱歌的人不得不适应乐曲的节奏变化，有时延长一字来对应几个音，有时压缩几个字在一个音里，于是有人就依据歌声的长短变化写诗，古时称为乐府，后代则称作"词"。词当中，节奏复杂而语句通俗的又称作"曲"。词中所用的字，不但要辨明平仄，而且还要分别清音和浊音，以使唱歌时音节和谐。

古人将诗的性质分成三种：风、雅、颂。风，是纯粹的言情诗歌；雅，是言情而兼有叙事内容的诗歌；颂，是用来赞美道德和功业的诗篇。后代的诗歌，也不外乎这三种类型。与诗歌体裁相类似的还有赋，有骈文，它们的声调要求都不如诗歌格律的严谨。赋要押韵，而骈文则不必押韵。

历　史

历史者，记载已往社会之现象，以垂示将来者也。吾人读历史而得古人之知识，据以为基本，而益加研究，此人类知识之所以进步也。吾人读历史而知古人之行为，辨其是非，究其成败，法是与成者，而戒其非与败者，此人类道德与事业之所以进步也。是历史之益也。

我国历史旧分三体：一曰纪传体。为君主作本记，为其他重要之人物作列传，又作表以记世系及大事，作志以记典章：如《史记》、《汉书》、二十四史等是也。二曰编年体。循事记事，便于稽前后之关系：如《左氏春秋传》及《资治通鉴》等是也。三曰纪事本末体。每纪一事，自为首尾，便于索相承之因果：如《尚书》及《通鉴纪事本末》等是也。三者皆以政治为主，而其他诸事附属之。

新体之历史，不偏重政治，而注意于人文进化之轨辙。凡夫风俗之变迁，实业之发展，学术之盛衰，皆分治其条流，而又综论其统系。是谓文明史。

又有专门记载，如哲学史、文学史、科学史、美术史之类。是为文明史之一部分，我国纪传史中之儒林，文苑诸传，及其他《宋元学案》《畴人传》《画人传》等书，皆其类也。

[译文]

历史，是记载已经过去了的社会现象、用以昭示后人的一门学科。我们读历史，获得古代的知识，以此作为基础并加以研究，这是人类知识之所以能够进步的原因。我们读历史，知道古人的行为，辨析是非曲直，研究成败得失，效仿正确和成功的做法，而以错误和失败的教训为鉴，这是人类道德和事业之所以能够进步的原因。这些都是历史的有益之处。

我国的历史著作，过去分为三种体裁：一是纪传体。为君主撰写《本纪》，为其他重要的人物撰写《列传》，又编写《表》以记录皇家、贵族的世系和国家的大事，编撰《志》来记载文献资料，例如《史记》《汉书》《二十四史》等正史都是纪传体史书。二是编年体。按照时间先后顺序记录历史事件，便于核实事件发生的前后关系，例如《左氏春秋传》《资治通鉴》这一类史书。三是纪事本末体。每记录一件事情，都有始有终，首尾完全，以便考察这件事发生的前因后果，例如《尚书》《通鉴纪事本末》等史书。这三种体裁的历史著作，都是以政治为主，其他事情为附属。

现代的新历史学，不再偏重政治，而注意人文进化的轨迹。凡是风俗的变迁，实业的发展，学术的盛衰，都分别梳理它们的条目流变，综述它们的系统构成。这就称为"文明史"。

另外还有专门性的历史著作，如哲学史、文学史、科学史、美术史之类，都是文明史的一部分。我国纪传体历史著作中的《儒林传》《文苑传》等，以及其他传记著作《宋元学案》《畴人传》《画人传》等书，都可以归入这一类。

地　理

地理者，所以考地球之位置区划，及其与人生之关系者也，可别为三部。

一曰数学地理：如地球与日球及其他行星之关系，及其自转、公转之规则等是也。此吾人所以有昼夜之分，与夫春、夏、秋、冬之别。

二曰天然地理：如土壤之性质，山脉、河流之形势，动、植、矿各物之分布，气候之递变，雨量、风向之比例等是也。吾人之状貌、性情、习尚及职业，往往随所居之地而互相差别者，以此。

三曰人文地理：又别为二。其一，关于政治，如大地分为若干国，有中华民国及法国等。一国之中，又分为若干省，如中华民国有二十四省，法国有八十六省是也。其不编为省者曰属地，如法国有安南及美、非、澳诸州属地是也。其二，关于生计，如物产之丰啬，铁道、运河之交通，农、林、渔、牧之区域，工商之都会等是也。二者，皆地理与人生有直接之关系者也。故谓之人文地理。

凡记载此等各部之现状者，谓之地理志，亦曰地志。合全地球而记载之，是谓世界地志。其限于一国者，为某国地志，如中华民国地志，及法国地志等是也。地理非图不明，故志必有图，而图不必皆附于志。

[译文]

地理，是用来考证地球的位置、区划，以及它与人类生存关系的一门学科，可以分为三个门类：

一是数学地理：如研究地球与太阳及其他行星的关系，以及地球的自转、公转的规律等。数学地理学可以告诉我们为什么会有昼夜的分别，以及春、夏、秋、冬四季的划分。

二是天然地理：如研究土壤的性质，山脉、河流的走势，动植物、矿物的分布，气候的顺序变化，雨量、风向的比例等。因为这些因素，我们的身体形貌、性格心情、风俗习惯以及职业特点等，往往因居住地的不同而互有差别。

三是人文地理：又分为两种。其一，关于政治，例如地球陆地分为若干国家，有中华民国以及法国等国家。一国之中，又分为若干省份，如中华民国有二十四个省份，法国有八十六个省份等。其中不编为省份的称为属地，如法国有安南以及在美洲、非洲、澳洲等洲的属地等。其二，关于生计，比如这块土地上的物产是丰富还是贫瘠，铁道、运河的交通状况，农业、林业、渔业、牧业的区域，工商业型大都市等。上述两者，都是地理与人类生活有直接关系的方面，所以称为人文地理。

凡是记载这些各种门类现状的著作，就称为地理志，也叫地志。综合记载全地球的地理，称为世界地志；只限于一个国家的地理，称为某国地志，如《中华民国地志》《法国地志》等。地理如果没有地图，就很难记载清楚，所以地志著作一定配有地图，但地图不必都附载于地志书里，也可以以单行本的形式出版发行。

建　筑

　　人之生也，不能无衣、食与宫室。而此三者，常于实用之外，又参以美术之意味。如食物本以适口腹也，而装置又求其悦目；衣服本以御寒暑也，而花样常见其翻新；宫室本以蔽风雨也，而建筑之术，尤于美学上有独立之价值焉。

　　建筑者，集众材而成者也。凡材品质之精粗，形式之曲直，皆有影响于吾人之感情。及其集多数之材，而成为有机体之组织，则尤有以代表一种之人生观。而容体气韵，与吾人息息相通焉。

　　吾国建筑之中，具美术性质者，略有七种：一曰宫殿，古代帝王之居处与陵寝，及其他佛寺道观等是也。率皆四阿而重檐，上有飞甍，下有崇阶，朱门碧瓦，所以表尊严富丽之观者也。二曰别墅。萧斋邃馆，曲榭回廊，间之以亭台，映之以泉石，宁朴毋华，宁疏毋密，大抵极清幽潇洒之致焉。三曰桥。叠石为穹窿式，与罗马建筑相类。唯罗马人广行此式，而我国则自桥以外罕用之。四曰城。叠砖石为之，环以雉堞，隆以谯门，所以环卫都邑也。而坚整之概，有可观者，以万里长城为最著。五曰华表。树于陵墓之前，间用六面形，而圆者特多，冠以柱头，承以文础，颇似希腊神祠之列栏；而两相对立，则又若埃及之方尖塔然。六曰坊。所以旌表名誉，树于康衢或陵墓之前，颇似欧洲之凯旋门，唯彼用穹形，而我用平构，斯其异点也。七曰塔。本诸印度而参以我国固有之风味，有七级、九级、十三级之别，恒附于佛寺，与欧洲教堂之塔相类；唯常于佛殿以外，呈独立之观，与彼方之组入全堂结构者不同。要之，我国建筑，既不如埃及式之阔大，亦不类峨特式之高骞，而秩序谨严，配置精巧，为吾族数千年来守礼法尚实际之精神所表示焉。

[译文]

人的生活，不能没有衣服、食物和住宅。而这三种生活必需品，常常在实用功能之外，又加入了美术的趣味。比如食物本来是满足人们口腹之欲的，却又要求在制作上赏心悦目；衣服本来是保暖御寒的，却常常花样翻新；住宅本来是遮风避雨的，然而建筑学却在美学上具有独特的价值。

建筑，是集合了众多材料而构成的。材料品质是精致还是粗糙，形式是弯曲还是笔直，都会影响到我们的性情。当建筑物集中了多数的材料，构成一个有机的整体组织之时，它完全可以代表一种人生观。而且它的外形和气韵，与我们的感觉息息相通。

我国建筑之中，具有美术性质的，大致有七种：一是宫殿。一般作为古代帝王的居处和陵墓，还有其他佛寺道观等。宫殿建筑大都是四方形建筑，多层高檐，上面有飞扬式的拱顶，下面有高而整齐的台阶，朱红的大门，碧绿的琉璃瓦，给人一种尊贵富丽的观感。二是别墅。书斋馆舍，曲折楼榭，回环长廊，间隔着建有观景的亭台，以泉水假山掩映其间作为点缀，追求朴素摈除华丽，要求空疏不可密集，极尽清幽潇洒的韵味。三是桥。以石块垒成拱状穹隆式，与罗马式建筑有些相似，但罗马式建筑普遍采用这种样式,而我国的建筑除桥以外很少使用穹隆式。四是城。以砖石垒成,四周城墙之上环绕着可以供守军瞭望、隐蔽和射箭的城垛,四角建有守卫、报时人员值勤时所住的望楼,其功能是为了守护城市不受外敌侵略。城的建筑要求是坚固整齐,其中具有观赏价值的,以万里长城最为著名。五是华表。树立在陵墓之前,有时也有六面形柱子,但一般多使用圆形柱,顶上有雕刻着神兽的柱头,下方承接绘有浮雕装饰的柱础,很像希腊神祠里的列栏。而华表的两两对立,则又像埃及的方尖塔。六是坊。是为了旌表某个人的名誉而建造的,一般树在街道或者陵墓之前,好像欧洲的凯旋门,但是欧洲使用的是穹形拱门,而我国是平面方形结构,这是两者的不同之处。七是塔。来源于印度,却融入了我国固有的审美风味,有七级、九级、十三级的区别,常建造于佛寺之中,与欧洲教堂的塔相似;但中国的塔一般建于佛殿之外,呈现出独立的观赏价值,与欧洲将塔融入整个教堂建筑结构的方式并不相同。总而言之,我国的建筑,既不如埃及式建筑的雄壮阔大,也不像哥特式建筑的巍峨高峻,却是秩序严谨,配置精巧,正是我们民族数千年来遵守礼法、崇尚实际的精神的体现。

雕 刻

音乐、建筑皆足以表示人生观;而表示之最直接者为雕刻,雕刻者,以木、石、金、土之属,刻之范之,为种种人物之形象者也。其所取材,率在历史之事实,现今之风俗,即有推本神话宗教者,亦犹是人生观之代表云尔。

雕刻之术,大别为二类:一浅雕凸雕之属,象不离璞,仅以圻堮起伏之文写示之者也。如山东嘉祥之汉武梁祠画像,及山西大名之北魏造像等属之。一具体之造像，雕刻之工，面面俱到者也。如商武乙为偶人以象天神，秦始皇铸金人十二，及后世一切神祠佛寺之像皆属之。

　　雕刻之精者，一曰匀称，各部分之长短肥瘠，互相比例，不违天然之状态也。二曰致密，琢磨之工，无懈可击也。三曰浑成，无斧凿痕也。四曰生动，仪态万方，合于力学之公例，神情活现，合于心理学之公例也。吾国之以雕刻名者，为晋之戴逵，尝刻一佛像，自隐帐中，听人臧否，随而改之。如是者十年，厥工方就，然其像不传。其后以塑像名者，唐有杨惠之，元有刘元。西方则古代希腊之雕刻，优美绝伦；而十五世纪以来，意、法、德、英诸国，亦复名家辈出。吾人试一游巴黎之鲁佛尔及卢克逊堡博物院，则希腊及法国之雕刻术，可略见一斑矣。

　　相传越王勾践尝以金铸范蠡之像，是为我国铸造肖像之始。然后世鲜用之。西方则自罗马时竞尚雕铸肖像，至今未沫。或以石，或以铜，无不面目逼真焉。

　　我国尚仪式，而西人尚自然，故我国造像，自如来袒胸，观音赤足，仍印度旧式外，鲜不具冠服者。西方则自希腊以来，喜为裸像；其为骨骼之修广，筋肉之张弛，悉以解剖术为准。作者固不能不先有所研究，观者亦得为练达身体之一助焉。

[译文]

　　音乐和建筑都足以表现人生观，而表现得最为直接的是雕塑。雕塑是用木、石、金、土之类的材料，加以凿刻和塑形，成为各种人和物的形象的一门艺术。雕塑的取材内容，大多是历史的事实和现今的风俗，即使有取材于神话宗教的，也还是一种人生观的表达。

　　雕塑的方法，基本上分为两类：一是浮雕，雕出来的像简单朴实，仅仅是用凹凸起伏的花纹描绘人与物罢了。如山东嘉祥的汉代武梁祠画像，以及山西大名的北魏造像，都属于浮雕。另一类是具体的塑像，雕塑的功夫，要求面面俱到。如商代武乙制造的天神偶像，秦始皇铸造的十二个铜人，以及后来神祠佛寺中的所有神像等，都属于塑像。

雕刻的精美之处，一是匀称，各部分的长短肥瘦，互相间比例适中，不违反自然状态。二是细致，雕琢打磨的工巧，无懈可击。三是浑成，要求看不到斧凿的痕迹。四是生动，表现动态要仪态万方，合乎力学的原理，表现神态要活灵活现，合乎心理学的原理。我国古代以雕塑家著称的是晋代的戴逵，他曾经刻一个佛像，自己藏身在佛像后的神帐里，听取参观者的意见，然后予以修改。就这样他一共用了十年时间才告成功，可惜他的雕刻作品现在已经失传了。其后著名的塑像家，唐代有杨惠之，元代有刘元。西方则是以古希腊的雕塑最为精美绝伦，十五世纪以来，意、法、德、英诸国，在雕塑方面也是名家辈出。我们如果去巴黎的卢浮宫以及卢克逊堡博物馆游玩参观，对于古希腊及法国的雕塑艺术，就可以略窥一斑。

相传越王勾践曾经用金来铸造手下贤臣范蠡的塑像，这是我国铸造人物肖像的起始，但后世很少再用。西方则从古罗马时期就竞相雕塑和铸造人物肖像，这门艺术至今仍未衰落。有的是石雕，有的是铜雕，无不面目逼真。

我国崇尚仪式，而西方人崇尚自然，所以我国的塑像，除了如来露胸、观音赤脚，仍然保留印度旧有的模样之外，很少有不穿衣戴冠的。西方雕塑家则从古希腊以来就喜欢雕塑裸体人物像，人像骨骼的长短粗细，筋肉的松弛紧绷，都以解剖学原理为准则。雕塑者自然不能不先对解剖学有所研究，而观赏者也必须以解剖原理作为了解人体结构的辅助。

装　饰

装饰者，最普通之美术也。其所取之材，曰石类，曰金类，曰陶土，此取诸矿物者也；曰木，曰草，曰藤，曰棉，曰麻，曰果核，曰漆，此取诸植物者也；曰介，曰角，曰骨，曰牙，曰皮，曰毛羽，曰丝，此取诸动物者也。其所施之技，曰刻，曰铸，曰陶，曰镶，曰编，曰织，曰绣，曰绘。其所写像者，曰几何学之线面，曰动植物及人类之形状，曰神话宗教，及社会之事变。其所附丽者，曰身体，曰被服，曰器用，曰宫室，曰都市。

身体之装饰，一曰文身，二曰亏体。文身之饰，或绘或刺，为未开化所常有。我国今唯演剧时或以粉墨涂面；而臂上花绣，则唯我国之拳棒家，外国之航海家，间或有之。亏体之饰，如野蛮人穿鼻悬环，凿唇安木之属，我国妇女，旧有缠足、穿耳之习，亦其类也。

被服之装饰，如冠、服、带、佩及一切金、钻、珠、玉之饰皆是。近世文明民族，已日趋简素；唯帝王、贵族、及军人，犹有特别之制服；而妇女冠服，尚喜翻新。巴黎新式女服，常为全欧模范。德、法歼战以后，德政府尝欲创日耳曼式以代之，而德之妇女，未能从焉。

器用之装饰，大之如坐卧具，小之如陈设品皆是。我国如商、周之钟鼎，汉之铲镜，宋以后之瓷器，皆其选也。

宫室之装饰，如檐楣柱头，多有刻文；承尘及壁，或施绘画；集色彩之玻板以为窗，缀斑驳之石片以敷地，皆是。其他若窗幕、地毡之类，亦附属之。

都市之装饰，如《考工记》："匠人营国，方九里，旁三门，国中九经九纬，经涂九轨。"所以求均称而表庄严也。巴黎一市，塞纳河左右，纬以长桥，界为驰道，间以广场，文以崇闳之建筑，疏以广大之园林，积渐布置，蔚成大观；而驰道之旁，荫以列树，芬以花塍；广场及公园之中，古木杂花，喷泉造像，分合错综，悉具意匠。是皆所以餍公众之美感，而非一人一家之所得而私也。

由是观之，人智进步，则装饰之道，渐异其范围。身体之装饰，为未开化时代所尚；都市之装饰，则非文化发达之国，不能注意，由近而远，由私而公，可以观世运矣。

[译文]

装饰是最常见的美术。装饰的取材，有石头、金属、陶土，这些都取自矿物；有木，有草，有藤，有棉，有麻，有果核，有油漆，这些都取自植物；有贝壳，有角，有骨，有牙，有皮，有羽毛，有丝，这些都取自动物。装饰所用的技术，有雕刻，有铸造，有陶艺，有镶嵌，有编，有织，有绣，有绘。装饰所构成的形象，有几何学上的线条与平面，有动植物和人类的形状，有神话宗教内容和社会变化。装饰所依附的对象，有身体，有服装，有器具，有住宅，有都市。

身体的装饰，一是文身，二是亏体。文身的装饰，或者绘画或者刺青，是未开化的民族通常使用的方式。我国现在只有在演戏时，有的角色用粉墨油彩涂面成为脸谱；而在手臂上刺花纹的做法，只有在我国挥拳舞棒的武术家，以及外国的航海家中间，才有人这样做。亏体的装饰，如野蛮人穿通鼻子挂上悬环，凿穿嘴唇安上木制饰品等等，我国妇女在旧社会时有缠足、穿耳的陋习，也属于亏体装饰之类。

服装的装饰，像帽子、衣服、腰带、佩饰以及一切金银、钻石、珠宝、玉制品的饰物都属于服饰。现代的文明民族已经日渐趋于简单朴素,只有帝王、贵族,以及军人,还保留着特别的制服。而妇女的衣帽服饰,崇尚花样翻新。巴黎的新式女装,常常成为全欧洲的模范。第一次世界大战时,德法开战之后,德国政府曾经想创造日耳曼式服饰以替代法国潮流,然而却得不到德国妇女的认可。

器具的装饰,大的如座椅、床铺,小的如陈设品。我国商周时代的铜钟、大鼎,汉代的香炉、铜镜,宋代以后的瓷器,都属于器具装饰。

住宅的装饰,像屋檐、门楣、柱顶,大多有雕刻花样;天花板和墙壁上,有时绘有图画;汇集不同色彩的玻璃组合成窗户,连缀五彩斑斓的石片拼成地板,这些都是住宅装饰。其他的像窗帘、地毯之类也都附属于住宅装饰。

都市的装饰,如《考工记》所说:"匠人营国,方九里,旁三门,国中九经九纬,经涂九轨。"也就是在建城之初,做好全局性规划,追求形式上的对称,具有一种庄严的美感。比如巴黎,塞纳河自城市中间穿过,河上横跨长桥,以马路作为街区的划分,以广场作为城市的活动空间,以宏伟高大的建筑物装扮城市的风景,以广阔的园林制造空疏间隔感,积少成多,递次布置,蔚为大观;而马路两旁,有排列整齐的行道树展开绿荫,种植有花卉树木的花坛散发芬芳;广场上以及公园里,古树杂花,喷泉塑像,或分或合,错落有致,都是别具匠心。这些装饰都是为了满足公众的审美情趣,并非一人一家所私有的。

由此可以看出,民众的智力越来越进步,那么装饰的方式也就渐渐有了不同的范围。身体的装饰是未开化的时代所崇尚的;而都市的装饰,如果不是文化发达的国家就很难看到。由近到远,由私到公,从装饰的变迁,也可以观察出这个社会的文明进化程度了。

二、中学修身教科书

· 上篇 ·
第一章 修己

第一节 总 论

人之生也，不能无所为，而为其所当为者，是谓道德。道德者，非可以猝然而袭取也，必也有理想，有方法。修身一科，即所以示其方法者也。

夫事必有序，道德之条目，其为吾人所当为者同，而所以行之之方法，则不能无先后，所谓先务者，修己之道是已。

吾国圣人，以孝为百行之本，小之一人之私德，大之国民之公义，无不由是而推演之者，故曰唯孝友于兄弟，施于有政，由是而行之于社会，则宜尽力于职分之所在，而于他人之生命若财产若名誉，皆护惜之，不可有所侵毁。行有余力，则又当博爱及众，而勉进公益，由是而行之于国家，则于法律之所定，命令之所布，皆当恪守而勿违。而有事之时，又当致身于国，公而忘私，以尽国民之义务，是皆道德之教所范围，为吾人所不可不勉者也。

夫道德之方面，虽各各不同，而行之则在己。知之而不行，犹不知也；知其当行矣，而未有所以行此之素养，犹不能行也。怀邪心者，无以行正义；贪私利者，无以图公益。未有自欺而能忠于人，自侮而能敬于人者。故道德之教，虽统各方面以为言,而其本则在乎修己。

修己之道不一,而以康强其身为第一义。身不康强,虽有美意,无自而达也。康矣强矣,而不能启其知识,练其技能,则奚择于牛马;故又不可以不求知能。知识富矣,技能精矣,而不率之以德性,则适以长恶而遂非,故又不可以不养德性。是故修己之道,体育、知育、德育三者,不可以偏废也。

第二节 体 育

凡德道以修己为本,而修己之道,又以体育为本。

忠孝,人伦之大道也,非康健之身,无以行之。人之事父母也,服劳奉养,唯力是视,羸弱而不能供职,虽有孝思奚益?况其以疾病贻父母忧乎?其于国也亦然。国民之义务,莫大于兵役,非强有力者,应征而不及格,临阵而不能战,其何能忠?且非特忠孝也。一切道德,殆皆非羸弱之人所能实行者。苟欲实践道德,宣力国家,以尽人生之天职,其必自体育始矣。

且体育与智育之关系,尤为密切,西哲有言:康强之精神,必寓于康强之身体。不我欺也。苟非狂易,未有学焉而不能知,习焉而不能熟者。其能否成立,视体魄如何耳。也尝有抱非常之才,且亦富于春秋,徒以体魄孱弱,力不逮志,奄然与凡庸伍者,甚至或盛年废学,或中道夭逝,尤可悲焉。

夫人之一身,本不容以自私,盖人未有能遗世而独立者。无父母则无我身,子女之天职,与生俱来。其他兄弟夫妇朋友之间,亦各以其相对之地位,而各有应尽之本务。而吾身之康强与否,即关于本务之尽否。故人之一身,对于家族若社会若国家,皆有善自摄卫之责。使傲然曰:我身之不康强,我自受之,于人无与焉。斯则大谬不然者也。

人之幼也，卫生之道，宜受命于父兄。及十三四岁，则当躬自注意矣。请述其概：一曰节其饮食；二曰洁其体肤及衣服；三曰时其运动；四曰时其寝息；五曰快其精神。

少壮之人，所以损其身体者，率由于饮食之无节。虽当身体长育之时，饮食之量，本不能以老人为例，然过量之忌则一也。使于饱食以后，尚歆①于旨味而恣食之，则其损于身体，所不待言。且既知饮食过量之为害，而一时为食欲所迫，不及自制，且致养成不能节欲之习惯，其害尤大，不可以不慎也。

少年每喜于闲暇之时，杂食果饵，以致减损其定时之餐饭，是亦一弊习。医家谓成人之胃病，率基于是，是乌可以不戒欤？

酒与烟，皆害多而利少。饮酒渐醉，则精神为之惑乱，而不能自节。能慎之于始而不饮，则无虑矣。吸烟多始于游戏，及其习惯，则成癖而不能废。故少年尤当戒之。烟含毒性，卷烟一枚，其所含毒分，足以毙雀二十尾。其毒性之剧如此，吸者之受害可知矣。

凡人之习惯，恒得以他习惯代之。饮食之过量，亦一习惯耳。以节制食欲之法矫之，而渐成习惯，则旧习不难尽去也。

清洁为卫生之第一义，而自清洁其体肤始。世未有体肤既洁，而甘服垢污之衣者。体肤衣服洁矣，则房室庭园，自不能任其芜秽，由是集清洁之家而为村落为市邑，则不徒足以保人身之康强，而一切传染病，亦以免焉。

且身体衣服之清洁，不徒益以卫生而已，又足以优美其仪容，而养成善良之习惯，其裨益于精神者，亦复不浅。盖身体之不洁，如蒙秽然，以是接人，亦不敬之一端。而好洁之人，动作率有秩序，用意亦复缜密，习与性成，则有以助勤勉精明

---

① 歆：羡慕。

之美德。借形体以范精神，亦缮性之良法也。

运动亦卫生之要义也。所以助肠胃之消化，促血液之循环，而爽朗其精神者也。凡终日静坐偃卧而怠于运动者，身心辄为之不快，驯致食欲渐减，血色渐衰，而元气亦因以消耗。是故终日劳心之人，尤不可以不运动。运动之时间，虽若靡费，而转为勤勉者所不可吝，此亦犹劳作者之不能无休息也。

凡人精神抑郁之时，触物感事，无一当意，大为学业进步之阻力。此虽半由于性癖，而身体机关之不调和，亦足以致之。时而游散山野，呼吸新空气，则身心忽为之一快，而精进之力顿增。当春夏假期，游历国中名胜之区，此最有益于精神者也。

是故运动者，所以助身体机关之作用，而为勉力学业之预备，非所以恣意而纵情也。故运动如饮食然，亦不可以无节。而学校青年，于蹴鞠竞渡之属，投其所好，则不惜注全力以赴之，因而毁伤身体，或酿成疾病者，盖亦有之，此则失运动之本意矣。

凡劳动者，皆不可以无休息。睡眠，休息之大者也，宜无失时，而少壮尤甚。世或有勤学太过，夜以继日者，是不可不戒也。睡眠不足，则身体为之衰弱，而驯致疾病，即幸免于是，而其事亦无足取。何则？睡眠不足者，精力既疲，即使终日研求，其所得或尚不及起居有时者之半，徒自苦耳。唯睡眠过度，则亦足以酿惰弱之习，是亦不可不知者。

精神者，人身之主动力也。精神不快，则眠食不适，而血气为之枯竭，形容为之憔悴，驯以成疾，是亦卫生之大忌也。夫顺逆无常，哀乐迭生，诚人生之常事，然吾人务当开豁其胸襟，清明其神志，即有不如意事，亦当随机顺应，而不使留滞于意识之中，则足以涵养精神，而使之无害于康强矣。

康强身体之道，大略如是。夫吾人之所以斤斤于是者，岂欲私吾身哉？诚以吾身者，因对于家族若社会若国家，而有当尽之义务者也。乃昧者，或以情欲之感，睚眦①之忿，自杀其身，罪莫大焉。彼或以一切罪恶，得因自杀而消灭，是亦以私情没公义者。唯志士仁人，杀身成仁，则诚人生之本务，平日所以爱惜吾身者，正为此耳。彼或以衣食不给，且自问无益于世，乃以一死自谢，此则情有可悯，而其薄志弱行，亦可鄙也。人生至此，要当百折不挠，排艰阻而为之，精神一到，何事不成？见险而止者，非夫也。

第三节　习　惯

习惯者，第二之天性也。其感化性格之力，犹朋友之于人也。人心随时而动，应物而移，执毫而思书，操缦而欲弹，凡人皆然，而在血气未定之时为尤甚。其于平日亲炙之事物，不知不觉，浸润其精神，而与之为至密之关系，所谓习与性成者也。故习惯之不可不慎，与朋友同。

江河成于涓流，习惯成于细故，昔北美洲有一罪人，临刑慨然曰：吾所以罹②兹罪者，由少时每日不能决然早起故耳。夫早起与否，小事也，而此之不决，养成因循苟且之习，则一切去恶从善之事，其不决也犹是，是其所以陷于刑戮也。是故事不在小，苟其反复数四，养成习惯，则其影响至大，其于善否之间，乌可以不慎乎？第使平日注意于善否之界，而养成其去彼就此之习惯，则将不待勉强，而自进于道德。道德之本，固不在高远而在卑近也。自洒扫应对进退，以及其他一事一物

---

① 睚眦：极小的仇恨。
② 罹：遭遇，遭受。

一动一静之间,无非道德之所在。彼夫道德之标目,曰正义,曰勇往,曰勤勉,曰忍耐,要皆不外乎习惯耳。

礼仪者,交际之要,而大有造就习惯之力。夫心能正体,体亦能制心。是以平日端容貌,正颜色,顺辞气,则妄念无自而萌,而言行之忠信笃敬,有不期然而然者。孔子对颜渊之问仁,而告以非礼勿视,非礼勿听,非礼勿言,非礼勿动。由礼而正心,诚圣人之微旨也。彼昧者,动以礼仪为虚饰,袒裼披猖①,号为率真,而不知威仪之不摄,心亦随之而化,渐摩既久,则放僻邪侈,不可收拾,不亦谬乎。

第四节 勤 勉

勤勉者,良习惯之一也。凡人所免之事,不能一致,要在各因其地位境遇,而尽力于其职分,是亦为涵养德性者所不可缺也。凡勤勉职业,则习于顺应之道,与节制之义,而精细寻耐诸德,亦相因而来。盖人性之受害,莫甚于怠惰。怠惰者,众恶之母。古人称小人闲居为不善,盖以此也。不唯小人也,虽在善人,苟其饱食终日,无所事事,则必由佚乐而流于游惰。于是鄙猥之情,邪僻之念,乘间窃发,驯致滋蔓而难图矣。此学者所当戒也。

人之一生,凡德行才能功业名誉财产,及其他一切幸福,未有不勤勉而可坐致者。人生之价值,视其事业而不在年寿。尝有年登期耋②,而悉在醉生梦死之中,人皆忘其为寿。亦有中年丧逝,而树立卓然,人转忘其为夭者。是即勤勉与不勤勉

---

① 袒裼披猖:袒裼,袒露,敞开。披猖,放肆猖狂。
② 期耋:期,一百岁。耋,七八十岁。泛指老年。

之别也。夫桃梨李栗,不去其皮,不得食其实。不勤勉者,虽小利亦无自而得。自昔成大业、享盛名,孰非有过人之勤力者乎?世非无以积瘁丧其身者,然较之汩没于佚乐者,仅十之一二耳。勤勉之效,盖可睹矣。

第五节 自 制

自制者,节制情欲之谓也。情欲本非恶名,且高尚之志操,伟大之事业,亦多有发源于此者。然情欲如骏马然,有善走之力,而不能自择其所向,使不加控御,而任其奔逸,则不免陷于沟壑,撞于岩墙,甚或以是而丧其生焉。情欲亦然,苟不以明清之理性,与坚定之意志节制之,其害有不可胜言者。不特一人而已。苟举国民而为情欲之奴隶,则夫政体之改良,学艺之进步,皆不可得而期,而国家之前途,不可问矣。此自制之所以为要也。

自制之目有三:节体欲,一也;制欲望,二也;抑热情,三也。

饥渴之欲,使人知以时饮食,而荣养其身体。其于保全生命,振作气力,所关甚大。然耽于厚味而不知餍饫①,则不特妨害身体,且将汩没其性灵,昏愦其志气,以酿成放佚奢侈之习。况如沉湎于酒,荒淫于色,贻害尤大,皆不可不以自制之力预禁之。

欲望者,尚名誉,求财产,赴快乐之类是也。人无欲望,即生涯甚觉无谓。故欲望之不能无,与体欲同,而其过度之害亦如之。

---

① 餍饫:吃饱,满足。

豹死留皮，人死留名，尚名誉者，人之美德也。然急于闻达，而不顾其他，则流弊所至，非骄则谄。骄者，务扬己而抑人，则必强不知以为知，诡诡①然拒人于千里之外，徒使智日昏，学日退，而虚名终不可以久假。即使学识果已绝人，充其骄矜之气，或且凌父兄而傲长上，悖亦甚矣。谄者，务屈身以徇俗，则且为无非无刺之行，以雷同于污世，虽足窃一时之名，而不免为识者所窃笑，是皆不能自制之咎也。

　　小之一身独立之幸福，大之国家富强之基础，无不有借于财产。财产之增殖，诚人生所不可忽也。然世人徒知增殖财产，而不知所以用之之道，则虽藏镪②百万，徒为守钱虏耳。而矫之者，又或糜费金钱，以纵耳目之欲，是皆非中庸之道也。盖财产之所以可贵，为其有利己利人之用耳。使徒事蓄积，而不知所以用之，则无益于己，亦无裨于人，与赤贫者何异？且积而不用者，其于亲戚之穷乏，故旧之饥寒，皆将坐视而不救，不特爱怜之情浸薄，而且廉耻之心无存。当与而不与，必且不当取而取，私买窃贼之赃，重取债家之息，凡丧心害理之事，皆将行之无忌，而驯致不齿于人类。此鄙吝之弊，诚不可不戒也。顾知鄙吝之当戒矣，而矫枉过正，义取而悖与，寡得而多费，则且有丧产破家之祸。既不能自保其独立之品位，而于忠孝慈善之德，虽欲不放弃而不能，成效无存，百行俱废，此奢侈之弊，亦不必逊于鄙吝也。二者实皆欲望过度之所致，折二者之衷，而中庸之道出焉，谓之节俭。

　　节俭者，自奉有节之谓也，人之处世也，既有贵贱上下之别，则所以持其品位而全其本务者，固各有其度，不可以执一

---

① 诡诡：自满自足的样子。
② 镪：古代称成串的钱。

而律之，要在适如其地位境遇之所宜，而不逾其度耳。饮食不必多，足以果腹而已；舆服不必善，足以备礼而已，绍述祖业，勤勉不息，以其所得，撙①节而用之，则家有余财，而可以恤他人之不幸，为善如此，不亦乐乎？且节俭者必寡欲，寡欲则不为物役，然后可以养德性，而完人道矣。

家人皆节俭，则一家齐；国人皆节俭，则一国安。盖人人以司节俭之故，而赀产丰裕，则各安其堵，敬其业，爱国之念，油然而生。否则奢侈之风弥漫，人人滥费无节，将救贫之不暇，而遑②恤国家。且国家以人民为分子，亦安有人民皆穷，而国家不疲荼者。自古国家，以人民之节俭兴，而以其奢侈败者，何可胜数！如罗马之类是已。爱快乐，忌苦痛，人之情也；人之行事，半为其所驱迫，起居动作，衣服饮食，盖鲜不由此者。凡人情可以徐练，而不可以骤禁。昔之宗教家，常有背快乐而就刻苦者，适足以戕贼③心情，而非必有裨于道德。人苟善享快乐，适得其宜，亦乌可厚非者。其活泼精神，鼓舞志气，乃足为勤勉之助。唯荡者流而不返，遂至放弃百事，斯则不可不戒耳。

快乐之适度，言之非艰，而行之维艰，唯时时注意，勿使太甚，则庶几无大过矣。古人有言：欢乐极兮哀情多。世间不快之事，莫甚于欲望之过度者。当此之时，不特无活泼精神、振作志气之力，而且足以招疲劳，增疏懒，甚且悖德非礼之行，由此而起焉。世之堕品行而冒刑辟者，每由于快乐之太过，可不慎欤！

---

① 撙：节省。
② 遑：不用说，谈不上。
③ 戕贼：伤害。

人，感情之动物也，遇一事物，而有至剧之感动，则情为之移，不遑顾虑，至忍掷对己对人一切之本务，而务达其目的，是谓热情。热情既现，苟非息心静气，以求其是非利害所在，而有以节制之，则纵心以往，恒不免陷身于罪戾，此亦非热情之罪，而不善用者之责也。利用热情，而统制之以道理，则犹利用蒸气，而承受以精巧之机关，其势力之强大，莫能御之。

热情之种类多矣，而以忿怒为最烈。盛怒而欲泄，则死且不避，与病狂无异。是以忿怒者之行事，其贻害身家而悔恨不及者，常十之八九焉。

忿怒亦非恶德，受侮辱于人，而不敢与之校，是怯弱之行，而正义之士所耻也。当怒而怒，亦君子所有事。然而逞忿一朝，不顾亲戚，不恕故旧，辜恩谊，背理性以酿暴乱之举，而贻终身之祸者，世多有之。宜及少时养成忍耐之力，即或怒不可忍，亦必先平心而察之，如是则自无失当之忿怒，而诟詈①斗殴之举，庶乎免矣。

忍耐者，交际之要道也。人心之不同如其面，苟于不合吾意者而辄怒之，则必父子不亲，夫妇反目，兄弟相阋，而朋友亦有凶终隙末之失，非自取其咎乎？故对人之道，可以情恕者恕之，可以理遣者遣之。孔子曰：躬自厚而薄责于人。即所以养成忍耐之美德者也。

忿怒之次曰傲慢，曰嫉妒，亦不可不戒也。傲慢者，挟己之长，而务以凌人；嫉妒者，见己之短，而转以尤人，此皆非实事求是之道也。夫盛德高才，诚于中则形于外。虽其人抑然不自满，而接其威仪者，畏之象之，自不容已。若乃不循其本，而摹拟剽窃以自炫，则可以欺一时，而不能持久，其凌蔑他人，

---

① 诟詈：诟骂。

适以自暴其鄙劣耳。至若他人之才识闻望，有过于我，我爱之重之，察我所不如者而企及之可也。不此之务，而重以嫉妒，于我何益？其愚可笑，其心尤可鄙也。

情欲之不可不制，大略如是。顾制之之道，当如何乎？情欲之盛也，往往非理义之力所能支，非利害之说所能破，而唯有以情制情之一策焉。

以情制情之道奈何？当忿怒之时，则品弄丝竹以和之；当抑郁之时，则登临山水以解之，于是心旷神怡，爽然若失，回忆忿怒抑郁之态，且自觉其无谓焉。

情欲之炽也，如燎原之火，不可向迩，而移时则自衰，此其常态也。故自制之道，在养成忍耐之习惯。当情欲炽盛之时，忍耐力之强弱，常为人生祸福之所系，所争在顷刻间耳。昔有某氏者，性卞①急，方盛怒时，恒将有非礼之言动，几不能自持，则口占数名，自一至百，以抑制之，其用意至善，可以为法也。

第六节　勇　敢

勇敢者，所以使人耐艰难者也。人生学业，无一可以轻易得之者。当艰难之境而不屈不沮，必达而后已，则勇敢之效也。

所谓勇敢者，非体力之谓也。如以体力，则牛马且胜于人。人之勇敢，必其含智德之原质者，恒于其完本务彰真理之时见之。曾子曰：自反而缩，虽千万人，吾往矣。是则勇敢之本义也。

求之历史，自昔社会人文之进步，得力于勇敢者为多，盖

---

① 卞：急躁。

其事或为豪强所把持,或为流俗所习惯,非排万难而力支之,则不能有为。故当其冲者,非不屈权势之道德家,则必不徇嬖幸①之爱国家,非不阿②世论之思想家,则必不溺私欲之事业家。其人率皆发强刚毅,不戁不悚。其所见为善为真者,虽遇何等艰难,决不为之气沮。不观希腊哲人苏格拉底乎?彼所持哲理,举世非之而不顾,被异端左道之名而不惜,至仰毒以死而不改其操,至今伟之。又不观意大利硕学百里诺及加里沙③乎?百氏痛斥当代伪学,遂被焚死。其就戮也,从容顾法吏曰:公等今论余以死,余知公等之恐怖,盖有甚于余者。加氏始倡地动说,当时教会怒其戾教旨,下之狱,而加氏不为之屈。是皆学者所传为美谈者也。若而人者,非特学识过人,其殉于所信而百折不回。诚有足多者,虽其身穷死于缧绁④之中,而声名洋溢,传之百世而不衰,岂与夫屈节回志,忽理义而徇流俗者,同日而语哉?

人之生也,有顺境,即不能无逆境。逆境之中,跋前疐后,进退维谷,非以勇敢之气持之,无由转祸而为福,变险而为夷也。且勇敢亦非待逆境而始著,当平和无事之时,亦能表见而有余。如壹于职业,安于本分,不诱惑于外界之非违,皆是也。

人之染恶德而招祸害者,恒由于不果断。知其当为也,而不敢为;知其不可不为也,而亦不敢为,诱于名利而丧其是非之心,皆不能果断之咎也。至乃虚炫才学,矫饰德行,以欺世而凌人,则又由其无安于本分之勇,而入此歧途耳。

勇敢之最著者为独立。独立者,自尽其职而不倚赖于人是

---

① 嬖幸:宠爱,宠幸。
② 阿:迎合。
③ 百里诺、加里沙:今译作布鲁诺、伽利略。
④ 缧绁:捆绑犯人的绳索,借指牢狱。

也。人之立于地也，恃己之足，其立于世也亦然。以己之心思虑之，以己之意志行之，以己之资力营养之，必如是而后为独立，亦必如是而后得谓之人也。夫独立，非离群索居之谓。人之生也，集而为家族，为社会，为国家，乌能不互相扶持，互相挹注①，以共图团体之幸福。而要其交互关系之中，自一人之方面言之，各尽其对于团体之责任，不失其为独立也。独立亦非矫情立异之谓。不问其事之曲直利害，而一切拂人之性以为快，是顽冥耳。与夫不问曲直利害，而一切徇人意以为之者奚择焉。唯不存成见，而以其良知为衡，理义所在，虽刍荛②之言，犹虚己而纳之，否则虽王公之命令，贤哲之绪论，亦拒之而不惮，是之谓真独立。

独立之要有三：一曰自存；二曰自信；三曰自决。

生计者，万事之基本也。人苟非独立而生存，则其他皆无足道。自力不足，庇他人而糊口者，其卑屈固无足言；至若窥人鼻息，而以其一颦一笑为忧喜，信人之所信而不敢疑，好人之所好而不敢忤，是亦一赘物耳，是皆不能自存故也。

人于一事，既见其理之所以然而信之，虽则事变万状，苟其所以然之理如故，则吾之所信亦如故，是谓自信。在昔旷世大儒，所以发明真理者，固由其学识宏远，要亦其自信之笃，不为权力所移，不为俗论所动，故历久而其理大明耳。

凡人当判决事理之时，而俯仰随人，不敢自主，此亦无独立心之现象也。夫智见所不及，非不可咨询于师友，唯临事迟疑，随人作计，则鄙劣之尤焉。

---

① 挹注：比喻从有余的地方取些出来以弥补不足的地方。挹，舀。
② 刍荛：谦辞，在向别人提供意见时把自己比作草野鄙陋的人。刍荛本指割草打柴的人。

要之，无独立心之人，恒不知自重。既不自重，则亦不知重人，此其所以损品位而伤德义者大矣。苟合全国之人而悉无独立心，乃冀其国家之独立而巩固，得乎？

勇敢而协于义，谓之义勇。暴虎冯河，盗贼犹且能之，此血气之勇，何足选也。无适无莫，义之与比，毁誉不足以淆之，死生不足以胁之，则义勇之谓也。

义勇之中，以贡于国家者为最大。人之处斯国也，其生命，其财产，其名誉，能不为人所侵毁。而仰事俯畜，各适其适者，无一非国家之赐，且亦非仅吾一人之关系，实承之于祖先，而又将传之于子孙，以至无穷者也。故国家之急难，视一人之急难，不啻倍蓰①而已。于是时也，吾即舍吾之生命财产，及其一切以殉之，苟利国家，非所惜也，是国民之义务也。使其人学识虽高，名位虽崇，而国家有事之时，首鼠两端，不敢有为，则大节既亏，万事瓦裂，腾笑当时，遗羞后世，深可惧也。是以平日必持炼意志，养成见义勇为之习惯，则能尽国民之责任，而无负于国家矣。

然使义与非义，非其知识所能别，则虽有尚义之志，而所行辄与之相畔，是则学问不足，而知识未进也。故人不可以不修学。

第七节　修　学

身体壮佼，仪容伟岸，可能为贤乎？未也。居室崇闳，被服锦绣，可以为美乎？未也。人而无知识，则不能有为，虽矜饰其表，而鄙陋龌龊之状，宁可掩乎？

---

① 倍蓰：数倍。蓰，五倍。

知识与道德，有至密之关系。道德之名尚矣，要其归，则不外避恶而行善。苟无知识以辨善恶，则何以知恶之不当为，而善之当行乎？知善之当行而行之，知恶之不当为而不为，是之谓真道德。世之不忠不孝、无礼无义、纵情而亡身者，其人非必皆恶逆悖戾也，多由于知识不足，而不能辨别善恶故耳。

寻常道德，有寻常知识之人，即能行之。其高尚者，非知识高尚之人，不能行也。是以自昔立身行道，为百世师者，必在旷世超俗之人，如孔子是已。

知识者，人事之基本也。人事之种类至繁，而无一不有赖于知识。近世人文大开，风气日新，无论何等事业，其有待于知识也益殷。是以人无贵贱，未有可以不就学者。且知识所以高尚吾人之品格也，知识深远，则言行自然温雅而动人歆慕。盖是非之理，既已了然，则其发于言行者，自无所凝滞，所谓诚于中形于外也。彼知识不足者，目能睹日月，而不能见理义之光；有物质界之感触，而无精神界之欣合，有近忧而无远虑。胸襟之隘如是，其言行又乌能免于卑陋欤？

知识之启发也，必由修学。修学者，务博而精者也。自人文进化，而国家之贫富强弱，与其国民学问之深浅为比例。彼欧美诸国，所以日辟百里、虎视一世者，实由其国中硕学专家，以理学工学之知识，开殖产兴业之端，锲而不已，成此实效。是故文明国所恃以竞争者，非武力而智力也。方今海外各国，交际频繁，智力之竞争，日益激烈。为国民者，乌可不勇猛精进，旁求知识，以造就为国家有用之材乎？

修学之道有二：曰耐久；曰爱时。

锦绣所以饰身也，学术所以饰心也。锦绣之美，有时而敝；学术之益，终身享之，后世诵之，其可贵也如此。凡物愈贵，则得之愈难，曾学术之贵，而可以浅涉得之乎？是故修学者，不可以不耐久。

凡少年修学者，其始鲜或不勤，未几而惰气乘之，有不暇自省其功候之如何，而咨嗟于学业之难成者。岂知古今硕学，大抵抱非常之才，而又能精进不已，始克抵于大成，况在寻常之人，能不劳而获乎？而不能耐久者，乃欲以穷年莫殚之功，责效于旬日，见其未效，则中道而废，如弃敝屣然。如是，则虽薄技微能，为庸众所可跂者，亦且百涉而无一就，况于专门学艺，其理义之精深，范围之博大，非专心致志，不厌不倦，必不能窥其涯矣，而乃卤莽灭裂，欲一蹴而几之，不亦妄乎？

庄生有言：吾生也有涯，而知也无涯，夫以有涯之生，修无涯之学，固常苦不及矣。自非惜分寸光阴，不使稍縻于无益，鲜有能达其志者。故学者尤不可以不爱时。

少壮之时，于修学为宜，以其心气尚虚，成见不存也。及是时而勉之，所积之智，或其终身应用而有余。否则以有用之时间，养成放僻之习惯，虽中年悔悟，痛自策励，其所得盖亦仅矣。朱子有言曰：勿谓今日不学而有来日；勿谓今年不学而有来年，日月逝矣，岁不延误，呜呼老矣，是谁之愆？其言深切著明，凡少年不可不三复也。

时之不可不爱如此，是故人不特自爱其时，尤当为人爱时。尝有诣友终日，游谈不经，荒其职业，是谓盗时之贼，学者所宜戒也。

修学者，固在入塾就师，而尤以读书为有效。盖良师不易得，借令得之，而亲炙之时，自有际限，要不如书籍之惠我无穷也。

人文渐开，则书籍渐富，历代学者之著述，汗牛充栋，固非一人之财力所能尽致，而亦非一人之日力所能遍读，故不可不择其有益于我者而读之。读无益之书，与不读等，修学者宜致意焉。

凡修普通学者，宜以平日课程为本，而读书以助之。苟课程所受，研究未完，而漫焉多读杂书，虽则有所得，亦泛滥而无归宿。且课程以外之事，亦有先后之序，此则修专门学者，尤当注意。苟不自量其知识之程度，取高远之书而读之，以不知为知，沿讹袭谬，有损而无益，即有一知半解，沾沾自喜，而亦终身无会通之望矣。夫书无高卑，苟了彻其义，则虽至卑近者，亦自有无穷之兴味。否则徒震于高尚之名，而以不求甚解者读之，何益？行远自迩，登高自卑，读书之道，亦犹是也。未见之书，询于师友而抉择之，则自无不合程度之虑矣。

修学者得良师，得佳书，不患无进步矣。而又有资于朋友，休沐之日，同志相会，凡师训所未及者，书义之可疑者，各以所见，讨论而阐发之，其互相为益者甚大。有志于学者，其务择友哉。

学问之成立在信，而学问之进步则在疑。非善疑者，不能得真信也。读古人之书，闻师友之言，必内按诸心，求其所以然之故。或不所得，则辗转推求，必逮心知其意，毫无疑义而后已，是之谓真知识。若乃人云亦云，而无独得之见解，则虽博闻多识，犹书簏耳，无所谓知识也。至若预存成见，凡他人之说，不求其所以然，而一切与之反对，则又怀疑之过，殆不知学问为何物者。盖疑义者，学问之作用，非学问之目的也。

第八节 修　德

人之所以异于禽兽者，以其有德性耳。当为而为之之谓德，为诸德之源；而使吾人以行德为乐者之谓德性。体力也，知能也，皆实行道德者之所资。然使不率之以德性，则犹有精兵而不以良将将之，于是刚强之体力，适以资横暴；卓越之知能，或以助奸恶，岂不惜欤？

德性之基本，一言以蔽之曰：循良知。一举一动，循良知所指，而不挟一毫私意于其间，则庶乎无大过，而可以为有德之人矣。今略举德性之概要如下：

德性之中，最普及于行为者，曰信义。信义者，实事求是，而不以利害生死之关系枉其道也。社会百事，无不由信义而成立。苟蔑弃信义之人，遍于国中，则一国之名教风纪，扫地尽矣。孔子曰：言忠信，行笃敬，虽蛮貊之邦行矣。言信义之可尚也。人苟以信义接人，毫无自私自利之见，而推赤心于腹中，虽暴戾之徒，不敢忤焉。否则不顾理义，务挟诈术以遇人，则虽温厚笃实者，亦往往报我以无礼。西方之谚曰：正直者，上乘之机略。此之谓也。世尝有牢笼人心之伪君子，率不过取售一时，及一旦败露，则人亦不与之齿矣。

入信义之门，在不妄语而无爽约。少年癖嗜新奇，往往背事理真相，而构造虚伪之言，冀以耸人耳目。行之既久，则虽非戏谑谈笑之时，而不知不觉，动参妄语，其言遂不能取信于他人。盖其言真伪相半，是否之间，甚难判别，诚不如不信之为愈也。故妄语不可以不戒。

凡失信于发言之时者为妄语，而失信于发言以后为爽约。二者皆丧失信用之道也。有约而不践，则与之约者，必致靡费时间，贻误事机，而大受其累。故其事苟至再至三，则人将相戒不敢与共事矣。如是，则虽置身人世，而枯寂无聊，直与独栖沙漠无异，非自苦之尤乎？顾世亦有本无爽约之心，而迫于意外之事，使之不得不如是者。如与友人有游散之约，而猝遇父兄罹疾，此其轻重缓急之间，不言可喻，苟舍父兄之急，而局局于小信，则反为悖德，诚不能弃此而就彼。然后起之事，苟非促促无须臾暇者，亦当通信于所约之友，而告以其故，斯则虽不践言，未为罪也。又有既经要约，旋悟其事之非理，而不便遂行者，亦以解约为是。此其爽约之罪，乃原因于始事之不慎。故立约之初，必确见其事理之不谬，而自审材力之所能及，而后决定焉。中庸曰：言顾行，行顾言。此之谓也。

言为心声，而人之处世，要不能称心而谈，无所顾忌。苟不问何地何时，与夫相对者之为何人，而辄以己意喋喋言之，则不免取厌于人。且或炫己之长，揭人之短，则于己既为失德，于人亦适以招怨。至乃讦人阴私，称人旧恶，使听者无地自容，则言出而祸随者，比比见之。人亦何苦逞一时之快，而自取其咎乎？

交际之道，莫要于恭俭。恭俭者，不放肆，不僭滥之谓也。人间积不相能之故，恒起于一时之恶感，应对酬酢①之间，往往有以傲慢之容色，轻薄之辞气，而激成凶隙者。在施者未必有意以此侮人，而要其平日不恭不俭之习惯，有以致之。欲矫其弊，必循恭俭，事尊长，交朋友，所不待言。而于始相见者，尤当注意。即其人过失昭著而不受尽言，亦不宜以意气相临，第和色以谕之，婉言以导之，赤心以感动之，如是而不从者鲜矣。不然，则倨傲偃蹇，君子以为不可与言，而小人以为鄙己，蓄怨积愤，鲜不藉端而开衅者，是不可以不慎也。

不观事父母者乎，婉容愉色以奉朝夕，虽食不重肉，衣不重帛，父母乐之；或其色不愉，容不婉，虽锦衣玉食，未足以悦父母也。交际之道亦然，苟容貌辞令，不失恭俭之旨，则其他虽简，而人不以为忤，否则即铺张扬厉，亦无效耳。

名位愈高，则不恭不俭之态易萌，而及其开罪于人也，得

---

① 酬酢：宾主互相敬酒。泛指应酬。

祸亦尤烈。故恭俭者，即所以长保其声名富贵之道也。

恭俭与卑屈异。卑屈之可鄙，与恭俭之可尚，适相反焉。盖独立自主之心，为人生所须臾不可离者。屈志枉道以迎合人，附合雷同，阉然媚世，是皆卑屈，非恭俭也。谦逊者，恭俭之一端，而要其人格之所系，则未有可以受屈于人者。宜让而让，宜守而守，则恭俭者所有事也。

礼仪，所以表恭俭也。而恭俭则不仅在声色笑貌之间，诚意积于中，而德辉发于外，不可以伪为也。且礼仪与国俗及时世为推移，其意虽同，而其迹或大异，是亦不可不知也。

恭俭之要，在能容人。人心不同，苟以异己而辄排之，则非合群之道矣。且人非圣人，谁能无过？过而不改，乃成罪恶。逆耳之言，尤当平心而察之，是亦恭俭之效也。

第九节　交　友

人情喜群居而恶离索，故内则有家室，而外则有朋友。朋友者，所以为人损痛苦而益欢乐者也。虽至快之事，苟不得同志者共赏之，则其趣有限；当抑郁无聊之际，得一良友慰其寂寞，而同其忧戚，则胸襟豁然，前后殆若两人。至于远游羁旅之时，兄弟戚族，不遑我顾，则所需于朋友者尤切焉。

朋友者，能救吾之过失者也。凡人不能无偏见，而意气用事，由往往不遑自返，斯时得直谅之友，忠告而善导之，则有憬然自悟其非者，其受益孰大焉。

朋友又能成人之善而济其患。人之营业，鲜有能以独力成之者，方今交通利便，学艺日新，通功易事之道愈密，欲兴一业，尤不能不合众志以成之。则所需于朋友之助力者，自因之而益广。至于猝遇疾病，或值变故，所以慰藉而保护之者，自亲戚家人而外，非朋友其谁望耶？

朋友之有益于我也如是。西哲以朋友为在外之我，洵①至言哉。人而无友，则虽身在社会之中，而胸中之岑寂无聊，曾何异于独居沙漠耶？

古人有言，不知其人，观其所与。朋友之关系如此，则择交不可以不慎也。凡朋友相识之始，或以乡贯职业，互有关系；或以德行才器，素相钦慕，本不必同出一途。而所以订交者，要不为一时得失之见，而以久要不渝为本旨。若乃任性滥交，不顾其后，无端而为胶漆，无端而为冰炭，则是以交谊为儿戏耳。若而人者，终其身不能得朋友之益矣。

既订交矣，则不可以不守信义。信义者，朋友之第一本务也。苟无信义，则猜忌之见，无端而生，凶终隙末之事，率起于是。唯信义之交，则无自而离间之也。

朋友有过，宜以诚意从容而言之，即不见从，或且以非理加我，则亦姑恕宥之，而徐俟其悔悟。世有历数友人过失，不少假借，或因而愤争者，是非所以全友谊也。而听言之时，则虽受切直之言，或非人所能堪，而亦当温容倾听，审思其理之所在，盖不问其言之得当与否，而其情要可感也。若乃自讳其过而忌直言，则又何异于讳疾而忌医耶？

夫朋友有成美之益，既如前述，则相为友者，不可以不实行其义。有如农工实业，非集巨资合群策不能成立者，宜各尽其能力之所及，协而图之。及其行也，互持契约，各守权限，无相诈也，无相诿也，则彼此各享其利矣。非特实业也，学问亦然。方今文化大开，各科学术，无不理论精微，范围博大，有非一人之精力所能周者。且分科至繁，而其间乃互有至密之

---

① 洵：诚然，实在。

关系。若专修一科，而不及其他，则孤陋而无藉，合各科而兼习焉，则又泛滥而无所归宿，是以能集同志之友，分门治之，互相讨论，各以其所长相补助，则学业始可抵于大成矣。

虽然，此皆共安乐之事也，可与共安乐，而不可与共患难，非朋友也。朋友之道，在扶困济危，虽自掷其财产名誉而不顾。否则如柳子厚所言，平日相征逐、相慕悦，誓不相背负；及一旦临小利害若毛发、辄去之若浼①者。人生又何贵有朋友耶？

朋友如有悖逆之征，则宜尽力谏阻，不可以交谊而曲徇之。又如职司所在，公而忘私，亦不得以朋友之请谒若关系，而有所假借。申友谊而屈公权，是国家之罪人也。朋友之交，私德也；国家之务，公德也。二者不能并存，则不能不屈私德以从公德。此则国民所当服膺者也。

第十节　从　师

凡人之所以为人者，在德与才。而成德达才，必有其道。经验，一也；读书，二也；从师受业，三也。经验为一切知识及德行之渊源，而为之者，不可不先有辨别事理之能力。书籍记远方及古昔之事迹，及各家学说，大有裨于学行，而非粗谙各科大旨，及能甄别普通事理之是非者，亦读之而茫然。是以从师受业，实为先务。师也者，授吾以经验及读书之方法，而养成其自由抉择之能力者也。

人之幼也，保育于父母。及稍长，则苦于家庭教育之不完备，乃入学亲师。故师也者，代父母而任教育者也。弟子之于

---

①　浼：污染。

师,敬之爱之,而从顺之,感其恩勿谖①,宜也。自师言之,天下至难之事,无过于教育。何则?童子未有甄别是非之能力,一言一动,无不赖其师之诱导,而养成其习惯,使其情绪思想,无不出于纯正者,师之责也。他日其人之智慧如何,能造福于社会及国家否,为师者不能不任其责。是以其职至劳,其虑至周,学者而念此也,能不感其恩而图所以报答之者乎?

弟子之事师也,以信从为先务。师之所授,无一不本于造就弟子之念,是以见弟子之信从而勤勉也,则喜,非自喜也,喜弟子之可以造就耳。盖其教授之时,在师固不能自益其知识也。弟子念教育之事,非为师而为我,则自然笃信其师,而尤不敢不自勉矣。

弟子知识稍进,则不宜事事待命于师,而常务自修,自修则学问始有兴趣,而不至畏难,较之专恃听授者,进境尤速。唯疑之处,不可武断,就师而质焉可也。

弟子之于师,其受益也如此,苟无师,则虽经验百年,读书万卷,或未必果有成效。从师者,事半而功倍者也。师之功,必不可忘,而人乃以为区区修脯已足偿之,若购物于市然。然则人子受父母之恩,亦以服劳奉养为足偿之耶?为弟子者,虽毕业以后,而敬爱其师,无异于受业之日,则庶乎其可矣。

---

① 谖:忘记。

第二章 家　族

第一节　总　论

　　凡修德者，不可以不实行本务。本务者，人与人相接之道也。是故子弟之本务曰孝弟、夫妇之本务曰和睦。为社会之一人，则以信义为本务；为国家之一民，则以爱国为本务。能恪守种种之本务，而无或畔焉，是为全德。修己之道，不能舍人与人相接之道而求之也。道德之效，在本诸社会国家之兴隆，以增进各人之幸福。故吾之幸福，非吾一人所得而专，必与积人而成之家族，若社会，若国家，相待而成立，则吾人于所以处家族社会及国家之本务，安得不视为先务乎？

　　有人于此，其家族不合，其社会之秩序甚乱，其国家之权力甚衰，若而人者，独可以得幸福乎？内无天伦之乐，外无自由之权，凡人生至要之事，若生命，若财产，若名誉，皆岌岌不能自保，若而人者，尚可以为幸福乎？于是而言幸福，非狂则奸，必非吾人所愿为也。然则吾人欲先立家族社会国家之幸福，以成吾人之幸福，其道如何？无他，在人人各尽其所以处家族社会及国家之本务而已。是故接人之道，必非有妨于吾人之幸福，而适所以成之，则吾人修己之道，又安得外接人之本务而求之耶？

　　接人之本务有三别：一，所以处于家族者；二，所以处于社会者；三，所以处于国家者。是因其范围之大小而别之。家族者，父子兄弟夫妇之伦，同处于一家之中者也。社会者，不必有宗族之系，而唯以休戚相关之人集成之者也。国家者，有一定之土地及其人民，而以独立之主权统治之者也。吾人处于其间，在家则为父子，为兄弟，为夫妇，在社会则为公民，在国家则为国民，此数者，各有应尽之本务，并行而不悖，苟失其一，则其他亦受其影响，而不免有遗憾焉。

虽然，其事实虽同时并举，而言之则不能无先后之别。请先言处家族之本务，而后及社会、国家。

家族者，社会、国家之基本也。无家族，则无社会，无国家。故家族者，道德之门径也。于家族之道德，苟有缺陷，则于社会、国家之道德，亦必无纯全之望，所谓求忠臣，必于孝子之门者此也。彼夫野蛮时代之社会，殆无所谓家族，即曰有之，亦复父子无亲，长幼无序，夫妇无别。以如是家族，而欲其成立纯全之社会及国家，必不可得。蔑伦背理，盖近于禽兽矣。吾人则不然，必先有一纯全之家族，父慈子孝，兄友弟悌，夫义妇和，一家之幸福，无或不足。由是而施之于社会，则为仁义，由是而施之于国家，则为忠爱。故家族之顺戾，即社会之祸福，国家之盛衰，所由生焉。

家族者，国之小者也。家之所在，如国土然，其主人如国之有元首，其子女什从，犹国民焉，其家族之系统，则犹国之历史也。若夫不爱其家，不尽其职，则又安望其能爱国而尽国民之本务耶？

凡人生之幸福，必生于勤勉，而吾人之所以鼓舞其勤勉者，率在对于吾人所眷爱之家族，而有增进其幸福之希望。彼夫非常之人，际非常之时，固有不顾身家以自献于公义者，要不可以责之于人人。吾人苟能亲密其家族之关系，而养成相友相助之观念，则即所以间接而增社会、国家之幸福者矣。

凡家族所由成立者，有三伦焉，一曰亲子；二曰夫妇；三曰兄弟姊妹。三者各有其本务，请循序而言之。

第二节 子 女

凡人之所贵重者，莫身若焉。而无父母，则无身。然则人子于父母，当何如耶？

父母之爱其子也，根于天性，其感情之深厚，无足以尚之者。子之初娠也，其母为之不敢顿足，不敢高语，选其饮食，节其举动，无时无地，不以有妨于胎儿之康健为虑。及其生也，非受无限之勤劳以保护之，不能全其生。而父母曾不以是为烦，饥则忧其食之不饱，饱则又虑其太过；寒则恐其凉，暑则惧其暍，不唯此也，虽婴儿之一啼一笑，亦无不留意焉，而同其哀乐。及其稍长，能匍匐也，则望其能立；能立也，则又望其能行。及其六七岁而进学校也，则望其日有进境。时而罹疾，则呼医求药，日夕不遑，而不顾其身之因而衰弱。其子远游，或日暮而不归，则倚门而望之，唯祝其身之无恙。及其子之毕业于普通教育，而能营独立之事业也，则尤关切于其成败，其业之隆，父母与喜；其业之衰，父母与忧焉，盖终其身无不为子而勤劳者。呜呼！父母之恩，世岂有足以比例之者哉！

世人于一饭之恩，且图报焉，父母之恩如此，将何以报之乎？

事父母之道，一言以蔽之，则曰孝。亲之爱子，虽禽兽犹或能之，而子之孝亲，则独见之于人类。故孝者，即人之所以为人者也。盖历久而后能长成者，唯人为最。其他动物，往往生不及一年，而能独立自营，其沐恩也不久，故子之于亲，其本务亦随之而轻。人类则否，其受亲之养护也最久，所以劳其亲之身心者亦最大。然则对于其亲之本务，亦因而重大焉，是自然之理也。

且夫孝者，所以致一家之幸福者也。一家犹一国焉，家有父母，如国有元首，元首统治一国，而人民不能从顺，则其国必因而衰弱；父母统治一家，而子女不尽孝养，则一家必因而乖戾。一家之中，亲子兄弟，日相阋而不已，则由如是之家族，而集合以为社会，为国家，又安望其协和而致治乎？

古人有言，孝者百行之本。孝道不尽，则其余殆不足观。盖人道莫大于孝，亦莫先于孝。以之事长则顺，以之交友则信。苟于凡事皆推孝亲之心以行之，则道德即由是而完。《论语》曰："其为人也孝弟，而好犯上者鲜矣。君子务本，本立而道生，孝弟也者，其为人之本与。"此之谓也。

然而吾人将何以行孝乎？孝道多端，而其要有四：曰顺；曰爱；曰敬；曰报德。

顺者，谨遵父母之训诲及命令也。然非不能已而从之也，必有诚恳欢欣之意以将之。盖人子之信其父母也至笃，则于其所训也，曰：是必适于德义；于其所戒也，曰：是必出于慈爱，以为吾遵父母之命，其必可以增进吾身之幸福无疑也。曾何所谓勉强者。彼夫父母之于子也，即遇其子之不顺，亦不能恝然①置之，尚当多为指导之术，以尽父母之道，然则人子安可不以顺为本务者。世有悲其亲不慈者，率由于事亲之不得其道，其咎盖多在于子焉。

子之幼也，于顺命之道，无可有异辞者，盖其经验既寡，知识不充，决不能循己意以行事。当是时也，于父母之训诲若

---

① 恝然：冷漠不在意的样子。

命令，当悉去成见，而婉容愉色以听之，毋或有抗言，毋或形不满之色。及渐长，则自具辨识事理之能力，然于父母之言，亦必虚心而听之。其父母阅历既久，经验较多，不必问其学识之如何，而其言之切于实际，自有非青年所能及者。苟非有利害之关系，则虽父母之言，不足以易吾意，而吾亦不可以抗争。其或关系利害而不能不争也，则亦当和气怡色而善为之辞，徐达其所以不敢苟同于父母之意见，则始能无忤于父母矣。

人子年渐长，智德渐备，处世之道，经验渐多，则父母之干涉之也渐宽，是亦父母见其子之成长而能任事，则渐容其自由之意志也。然顺之迹，不能无变通。而顺之意，则为人子所须臾不可离者。凡事必时质父母之意见，而求所以达之。自恃其才，悍然违父母之志而不顾者，必非孝子也。至于其子远离父母之侧，而临事无遑请命，抑或居官吏兵士之职，而不能以私情参预公义，斯则事势之不得已者也。

人子顺亲之道如此，然亦有不可不变通者。今使亲有乱命，则人子不唯不当妄从，且当图所以谏阻之，知其不可为，以父母之命而勉从之者，非特自罹于罪，且因而陷亲于不义，不孝之大者也。若乃父母不幸而有失德之举，不密图补救，而辄暴露之，则亦非人子之道。孔子曰：父为子隐，子为父隐。是其义也。

爱与敬，孝之经纬也。亲子之情，发于天性，非外界舆论，及法律之所强。是故亲之为其子，子之为其亲，去私克己，劳而无怨，超乎利害得失之表，此其情之所以为最贵也。本是情而发见者，曰爱曰敬，非爱则驯至于乖离；非敬则渐流于狎爱。爱而不敬，禽兽犹或能之，敬而不爱，亲疏之别何在？二者失其一，不可以为孝也。

能顺能爱能敬，孝亲之道毕乎？曰：未也。孝子之所最尽心者，图所以报父母之德是也。

受人之恩，不敢忘焉，而必图所以报之，是人类之美德也。而吾人一生最大之恩，实在父母。生之育之饮食之教诲之，不特吾人之生命及身体，受之于父母，即吾人所以得生存于世界之术业，其基本亦无不为父母所畀①者，吾人乌能不日日铭感其恩，而图所以报答之乎？人苟不容心于此，则虽谓其等于禽兽可也。

人之老也，余生无几，虽路人见之，犹起恻隐之心，况为子者，日见其父母老耄衰弱，而能无动于衷乎？昔也，父母之所以爱抚我者何其挚；今也，我之所以慰藉我父母者，又乌得而苟且乎？且父母者，随其子之成长而日即于衰老者也。子女增一日之成长，则父母增一日之衰老，及其子女有独立之业，而有孝养父母之能力，则父母之余年，固已无几矣。犹不及时而尽其孝养之诚，忽忽数年，父母已弃我而长逝，我能无抱终天之恨哉？

吾人所以报父母之德者有二道，一曰养其体；二曰养其志。

养体者，所以图父母之安乐也。尽我力所能及，为父母调其饮食，娱其耳目，安其寝处，其他寻常日用之所需，无或缺焉而后可。夫人子既及成年，而尚缺口体之奉于其父母，固已不免于不孝，若乃丰衣足食，自恣其奉，而不顾父母之养，则不孝之尤矣。

父母既老，则肢体不能如意，行止坐卧，势不能不待助于他人，人子苟可以自任者，务不假手于婢仆而自任之，盖同此扶持抑搔之事，而出于其子，则父母之心尤为快足也。父母有疾，苟非必不得已，则必亲侍汤药。回思幼稚之年，父母之所

---

① 畀：给。

以鞠育我者，劬劳如何，即尽吾力以为孝养，亦安能报其深恩之十一欤？为人子者，不可以不知此也。

人子既能养父母之体矣，尤不可不养其志。父母之志，在安其心而无贻以忧。人子虽备极口体之养，苟其品性行为，常足以伤父母之心，则父母又何自而安乐乎？口体之养，虽不肖之子，苟有财力，尚能供之。至欲安父母之心而无贻以忧，则所谓一发言一举足而不敢忘父母，非孝子不能也。养体，末也；养志，本也；为人子者，其务养志哉。

养志之道，一曰卫生。父母之爱子也，常祝其子之康强。苟其子孱弱而多疾，则父母重忧之。故卫生者，非独自修之要，而亦孝亲之一端也。若乃冒无谓之险，逞一朝之忿，以危其身，亦非孝子之所为。有人于此，虽赠我以至薄之物，我亦必郑重而用之，不辜负其美意也。我身者，父母之遗体，父母一生之劬劳，施于吾身者为多，然则保全之而摄卫之，宁非人子之本务乎？孔子曰：身体发肤，受之父母，不敢毁伤，孝之始也。此之谓也。

虽然，徒保其身而已，尚未足以养父母之志。父母者，既欲其子之康强，又乐其子之荣誉者也。苟其子庸劣无状，不能尽其对于国家、社会之本务，甚或陷于非僻，以贻羞于其父母，则父母方愧愤之不遑，又何以得其欢心耶？孔子曰：事亲者，居上不骄，为下不乱，在丑不争。居上而骄则亡；为下而乱则刑；在丑而争则兵。不去此三者，虽日用三牲之养，犹不孝也。正谓此也。是故孝者，不限于家族之中，非于其外有立身行道之实，则不可以言孝。谋国不忠，莅官不敬，交友不信，皆不孝之一。至若国家有事，不顾其身而赴之，则虽杀其身而父母荣之，国之良民，即家之孝子。父母固以其子之荣誉为荣誉，而不愿其苟生以取辱者也。此养志之所以重于养体也。

翼赞父母之行为，而共其忧乐，此亦养志者之所有事也。故不问其事物之为何，苟父母之所爱敬，则己亦爱敬之；父母之所嗜好，则己亦嗜好之。

凡此皆亲在之时之孝行也。而孝之为道，虽亲没以后，亦与有事焉。父母没，葬之以礼，祭之以礼；父母之遗言，没身不忘，且善继其志，善述其事，以无负父母。更进而内则尽力于家族之昌荣；外则尽力于社会、国家之业务，使当世称为名士伟人，以显扬其父母之名于不朽，必如是而孝道始完焉。

第三节　父　母

子于父母，固有当尽之本务矣，而父母之对于其子也，则亦有其道在。人子虽未可以此责善于父母。而凡为人子者，大抵皆有为父母之时，不知其道，则亦有贻害于家族、社会、国家而不自觉其非者。精于言孝，而忽于言父母之道，此亦一偏之见也。

父母之道虽多端，而一言以蔽之曰慈。子孝而父母慈，则亲子交尽其道矣。

慈者，非溺爱之谓，谓图其子终身之幸福也。子之所嗜，不问其邪正是非而辄应之，使其逞一时之快，而或贻百年之患，则不慈莫大于是。故父母之于子，必考察夫得失利害之所在，不能任自然之爱情而径行之。

养子教子，父母第一本务也。世岂有贵于人之生命者，生子而不能育之，或使陷于困乏中，是父母之失其职也。善养其子，以至其成立而能营独立之生计，则父母育子之职尽矣。

父母既有养子之责，则其子身体之康强与否，亦父母之责也。卫生之理，非稚子所能知。其始生也，蠢然一小动物耳，起居无力，言语不辩，且不知求助于人，使非有时时保护之者，殆无可以生存之理。而保护之责，不在他人，而在生是子之父母，固不待烦言也。

既能养子，则又不可以不教之。人之生也，智德未具，其所具者，可以吸受智德之能力耳。故幼稚之年，无所谓善，无所谓智，如草木之萌蘖然，可以循人意而矫揉之，必经教育而始成有定之品性。当其子之幼稚，而任教训指导之责者，舍父母而谁？此家庭教育之所以为要也。

家庭者，人生最初之学校也。一生之品性，所谓百变不离其宗者，大抵胚胎于家庭之中。习惯固能成性，朋友亦能染人，然较之家庭，则其感化之力远不及者。社会、国家之事业，繁矣，而成此事业之人物，孰非起于家庭中呱呱之小儿乎？虽伟人杰士，震惊一世之意见及行为，其托始于家庭中幼年所受之思想者，盖必不鲜。是以有为之士，非出于善良之家庭者，世不多有。善良之家庭，其社会、国家所以隆盛之本欤？

幼儿受于家庭之教训，虽薄物细故，往往终其生而不忘。故幼儿之于长者，如枝干之于根本然。一日之气候，多定于崇朝，一生之事业，多决于婴孩，甚矣。家庭教育之不可忽也。

家庭教育之道，先在善良其家庭。盖幼儿初离襁褓，渐有知觉，如去暗室而见白日然。官体之所感触，事事物物，无不新奇而可喜，其时经验既乏，未能以自由之意志，择其行为也。则一切取外物而摹仿之，自然之势也。当是时也，使其家庭中事事物物，凡萦绕幼儿之旁者，不免有腐败之迹，则此儿清洁之心地，遂纳以终身不磨之瑕玷。不然，其家庭之中，悉为敬爱正直诸德之所充，则幼儿之心地，又何自而被玷乎？有家庭教育之责者，不可不先正其模范也。

为父母者，虽各有其特点之职分，而尚有普通之职分，行止坐卧，无可以须臾离者，家庭教育是也。或择其业务，或定其居所，及其他言语饮食衣服器用，凡日用行常之间，无不考之于家庭教育之利害而择之。昔孟母教子，三迁而后定居，此百世之师范也。父母又当乘时机而为训诲之事，子有疑问，则必以真理答之，不可以荒诞无稽之言塞其责；其子既有辨别善恶是非之知识，则父母当监视而以时劝惩之，以坚其好善恶恶之性质。无失之过严，亦无过宽，约束与放任，适得其中而已。凡母多偏于慈，而父多偏于严。子之所以受教者偏，则其性质亦随之而偏。故欲养成中正之品性者，必使受宽严得中之教育也。其子渐长，则父母当相其子之材器，为之慎择职业，而时有以指导之。年少气锐者，每不遑熟虑以后之利害，而定目前之趋向，故于子女独立之始，智能方发，阅历未深，实为危险之期，为父母者，不可不慎监其所行之得失，而以时劝戒之。

第四节 夫　妇

　　国之本在家，家之本在夫妇。夫妇和，小之为一家之幸福，大之致一国之富强。古人所谓人伦之始，风化之原者，此也。

　　夫妇者，本非骨肉之亲，而配合以后，苦乐与共，休戚相关，遂为终身不可离之伴侣。而人生幸福，实在于夫妇好合之间。然则夫爱其妇，妇顺其夫，而互维其亲密之情义者，分也。夫妇之道苦，则一家之道德失其本，所谓孝弟忠信者，亦无复可望，而一国之道德，亦由是而颓废矣。

　　爱者，夫妇之第一义也。各舍其私利，而互致其情，互成其美，此则夫妇之所以为夫妇，而亦人生最贵之感情也。有此感情，则虽在困苦颠沛之中，而以同情者之互相慰藉，乃别生一种之快乐。否则感情既薄，厌忌嫉妒之念，乘隙而生，其名夫妇，而其实乃如路人，虽日处华膴之中，曾何有人生幸福之真趣耶？

夫妇之道，其关系如是其重也，则当夫妇配合之始，婚姻之礼，乌可以不慎乎！是为男女一生祸福之所系，一与之齐，终身不改焉。其或不得已而离婚，则为人生之大不幸，而彼此精神界，遂留一终身不灭之创痍。人生可伤之事，孰大于是。

婚姻之始，必本诸纯粹之爱情。以财产容色为准者，决无以持永久之幸福。盖财产之聚散无常，而容色则与年俱衰。以是为准，其爱情可知矣。纯粹之爱情，非境遇所能移也。

何谓纯粹之爱情，曰生于品性。男子之择妇也，必取其婉淑而贞正者；女子之择夫也，必取其明达而笃实者。如是则必能相信相爱，而构成良善之家庭矣。

既成家族，则夫妇不可以不分业。男女之性质，本有差别：男子体力较强，而心性亦较为刚毅；女子则体力较弱，而心性亦毗于温柔。故为夫者，当尽力以护其妻，无妨其卫生，无使过悴于执业，而其妻日用之所需，不可以不供给之。男子无养其妻之资力，则不宜结婚。既婚而困其妻于饥寒之中，则失为夫者之本务矣。女子之知识才能，大抵逊于男子，又以专司家务，而社会间之阅历，亦较男子为浅。故妻子之于夫，苟非受不道之驱使，不可以不顺从。而贞固不渝，忧乐与共，则皆为妻者之本务也。夫倡妇随，为人伦自然之道德，夫为一家之主，而妻其辅佐也，主辅相得，而家政始理。为夫者，必勤业于外，以赡其家族；为妻者，务整理内事，以辅其夫之所不及，是各因其性质之所近而分任之者。男女平权之理，即在其中，世之持平权说者，乃欲使男女均立于同等之地位，而执同等之职权，则不可通者也。男女性质之差别，第观于其身体结构之不同，已可概见：男子骨骼伟大，堪任力役，而女子则否；男子长于思想，而女子锐于知觉；男子多智力，而女子富感情；男子务进取，而女子喜保守。是以男子之本务，为保护，为进取，为劳动；而女子之本务，为辅佐，为谦让，为巽顺，是刚柔相济之理也。

生子以后，则夫妇即父母，当尽教育之职，以绵其家族之世系，而为社会、国家造成有为之人物。子女虽多，不可有所偏爱且必预计其他日对于社会、国家之本务，而施以相应之教育。以子女为父母所自有，而任意虐遇之，或骄纵之者，是社会、国家之罪人，而失父母之道者也。

第五节　兄弟姊妹

有夫妇而后有亲子，有亲子而后有兄弟姊妹。兄弟姊妹者，不唯骨肉关系，自有亲睦之情，而自其幼时提挈于父母之左右。食则同案，学则并几，游则同方，互相扶翼，若左右手然，又足以养其亲睦之习惯。故兄弟姊妹之爱情，自有非他人所能及者。

兄弟姊妹之爱情，亦如父母夫妇之爱情然，本乎天性，而非有利害得失之计较，杂于其中。是实人生之至宝，虽珠玉不足以易之，不可以忽视而放弃者也。是以我之兄弟姊妹，虽偶有不情之举，我必当宽容之，而不遽加以责备，常有因彼我责善，而伤手足之感情者，是亦不可不慎也。

盖父母者，自其子女视之，所能朝夕与共者，半生耳。而兄弟姊妹则不然，年龄之差，远逊于亲子，休戚之关，终身以之。故兄弟姊妹者，一生之间，当无时而不以父母膝下之情状为标准者也。长成以后，虽渐离父母，而异其业，异其居，犹必时相过从，祸福相同，忧乐与共，如一家然。即所居悬隔，而岁时必互通音问，同胞之情，虽千里之河山，不能阻之。远适异地，而时得见爱者之音书，实人生之至乐。回溯畴昔相依之状、预计他日再见之期，友爱之情，有油然不能自已者矣。

兄姊之年，长于弟妹，则其智识经验，自较胜于幼者，是以为弟妹者，当视其兄姊为两亲之次，遵其教训指导而无敢违。虽在他人，幼之于长，必尽谦让之礼，况于兄姊耶？为兄姊者，于其弟妹，亦当助父母提撕劝诫之责，毋得挟其年长，而以暴慢恣睢之行施之，浸①假兄姊凌其弟妹，或弟妹慢其兄姊，是不啻背于伦理，而彼此交受其害，且因而伤父母之心，以破一家之平和，而酿社会、国家之隐患。家之于国，如细胞之于有机体，家族不合，则一国之人心，必不能一致，人心离畔，则虽有亿兆之众，亦何以富强其国家乎？

昔西哲苏格拉底，见有兄弟不睦者而诫之曰："兄弟贵于财产。何则？财产无感觉，而兄弟有同情，财产赖吾人之保护，而兄弟则保护吾人者也。凡人独居，则必思群，何独疏于其兄弟乎？且兄弟非同其父母者耶？"不见彼禽兽同育于一区者，不尚互相亲爱耶？而兄弟顾不互相亲爱耶？其言深切著明，有兄弟者，可以鉴焉。

兄弟姊妹，日相接近，其相感之力甚大。人之交友也，习于善则善，习于恶则恶。兄弟姊妹之亲善，虽至密之朋友，不能及焉，其习染之力何如耶？凡子弟不从父母之命，或以粗野侮慢之语对其长者，率由于兄弟姊妹间，素有不良之模范。故年长之兄姊，其一举一动，悉为弟妹所属目而摹仿，不可以不慎也。

兄弟之于姊妹，当任保护之责，盖妇女之体质既纤弱，而

---

① 浸：逐渐。

精神亦毗于柔婉，势不能不倚于男子。如昏夜不敢独行；即受谗诬，亦不能如男子之慷慨争辩，以申其权利之类是也。故姊妹未嫁者，助其父母而扶持保护之，此兄弟之本务也。而为姊妹者，亦当尽力以求有益于其兄弟。少壮之男子，尚气好事，往往有凌人冒险，以小不忍而酿巨患者，谏止之力，以姊妹之言为最优。盖女子之情醇笃，而其言尤为蕴藉，其所以杀壮年之客气者，较男子之抗争为有效也。兄弟姊妹能互相扶翼，如是，则可以同休戚而永续其深厚之爱情矣。

不幸而父母早逝，则为兄姊者，当立于父母之地位，而抚养其弟妹。当是时也，弟妹之亲其兄姊，当如父母，盖可知也。

第六节　族戚及主仆

家族之中，既由夫妇而有父子，由父子而有兄弟姊妹，于是由兄弟之所生，而推及于父若祖若曾祖之兄弟，及其所生之子若孙，是谓家族。且也，兄弟有妇，姊妹有夫，其母家婿家，及父母以上凡兄弟之妇之母家，姊妹之婿家，皆为姻戚焉。既为族戚，则溯其原本，同出一家，较之无骨肉之亲，无葭莩①之谊者，关系不同，交际之间，亦必视若家人，岁时不绝音问，吉凶相庆吊，穷乏相赈恤，此族戚之奉务也。天下滔滔，群以利害得失为聚散之媒，而独于族戚间，尚互以真意相酬答，若一家焉，是亦人生之至乐也。

人之于邻里，虽素未相识，而一见如故。何也？其关系密也。至于族戚，何独不然。族戚者，非唯一代之关系，而实祖宗以来历代之关系，即不幸而至流离颠沛之时，或朋友不及相

---

① 葭莩：芦苇茎中的薄膜，比喻关系疏远的亲戚。

救，故旧不及相顾，当此之时所能援手者，非族戚而谁？然则平日宜相爱相扶也明矣。

仆之于主，虽非有肺腑之亲，然平日追随既久，关系之密切，次于家人，是故忠实驯顺者，仆役之务也；恳切慈爱者，主人之务也。

为仆役者，宜终始一心，以从主人之命，不顾主人之监视与否，而必尽其职，且不以勤苦而有怏怏之状。同一事也，怡然而为之，则主人必尤为快意也。若乃挟诈慢之心以执事，甚或讦主人之阴事，以暴露于邻保，是则不义之尤者矣。

夫人莫不有自由之身体，及自由之意志，不得已而被役于人，虽有所取偿，然亦至可悯矣。是以为主人者，宜长存哀矜之心，使役有度，毋任意斥责，若犬马然。至于仆役佣资，即其人沽售劳力之价值，至为重要，必如约而畀之。夫如是，主人善视其仆役，则仆役亦必知感而尽职矣。

仆役之良否，不特于一家之财政有关，且常与子女相驯。苟品性不良，则子女辄被其诱惑，往往有日陷于非僻而不觉者。故有仆役者，选择不可不慎，而监督尤不可不周。

自昔有所谓义仆者，常于食力以外，别有一种高尚之感情，与其主家相关系焉。或终身不去，同于家人，或遇其穷厄，艰苦共尝而怨，或以身殉主自以为荣。有是心也，推之国家，可以为忠良之国民，虽本于其天性之笃厚，然非其主人信爱有素，则亦不足以致之。

第三章 社　会

第一节　总　论

　　凡趋向相同利害与共之人，集而为群，苟其于国家无直接之关系，于法律无一定之限制者，皆谓之社会。是以社会之范围，广狭无定，小之或局于乡里，大之则亘于世界，如所谓北京之社会，中国之社会，东洋之社会，与夫劳工社会，学者社会之属，皆是义也。人生而有合群之性，虽其种族大别，国土不同者，皆得相依相扶，合而成一社会，此所以有人类社会之道德也。然人类恒因土地相近种族相近者，建为特别之团体，有统一制裁之权，谓之国家，所以弥各种社会之缺憾，而使之互保其福利也。故社会之范围，虽本无界限，而以受范于国家者为最多。盖世界各国，各有其社会之特性，而不能相融，是以言实践道德者，于人类社会，固有普通道德，而于各国社会，则又各有其特别之道德，是由于其风土人种习俗历史之差别而生者，而本书所论，则皆适宜于我国社会之道德也。

　　人之组织社会，与其组织家庭同，而一家族之于社会，则亦犹一人之于家族也。人之性，厌孤立而喜群居，是以家族之结合，终身以之。而吾人喜群之性，尚不以家族为限。向使局处家庭之间，与家族以外之人，情不相通，事无与共，则此一家者，无异在穷山荒野之中，而其家亦乌能成立乎？

盖人类之体魄及精神，其能力本不完具，非互相左右，则驯至不能生存。以体魄言之，吾人所以避风雨寒热之苦，御猛兽毒虫之害，而晏然保其生者，何一非社会之赐？以精神言之，则人苟不得已而处于孤立之境，感情思想，一切不能达之于人，则必有非常之苦痛，甚有因是而病狂者。盖人之有待于社会，如是其大也。且如语言文字之属，凡所以保存吾人之情智而发达之者，亦必赖社会之组织而始存。然则一切事物之关系于社会，盖可知矣。

夫人食社会之赐如此，则人之所以报效于社会者当如何乎？曰：广公益，开世务，建立功业，不顾一己之利害，而图社会之幸福，则可谓能尽其社会一员之本务者矣。盖公而忘私之心，于道德最为高尚，而社会之进步，实由于是。故观于一社会中志士仁人之多寡，而其社会进化之程度可知也。使人人持自利主义，而漠然于社会之利害，则其社会必日趋腐败，而人民必日就零落，卒至人人同被其害而无救，可不惧乎？

社会之上，又有统一而制裁之者，是为国家。国家者，由独立之主权，临于一定之土地、人民，而制定法律以统治之者也。凡人既为社会之一员，而持社会之道德，则又为国家之一民，而当守国家之法律。盖道德者，本以补法律之力之所不及；而法律者，亦以辅道德之功之所未至，二者相须为用。苟悖于法律，则即为国家之罪人，而决不能援社会之道德以自护也。唯国家之本领，本不在社会，是以国家自法律范围以外，决不干涉社会之事业，而社会在不违法律之限，亦自有其道德之自由也。

人之在社会也，其本务虽不一而足，而约之以二纲，曰公义；曰公德。

公义者，不侵他人权利之谓也。我与人同居社会之中，人我之权利，非有径庭，我既不欲有侵我之权利者，则我亦决勿侵人之权利。人与人互不相侵，而公义立矣。吾人之权利，莫重于生命财产名誉。生命者一切权利之本位，一失而不可复，其非他人之所得而侵犯，所不待言。财产虽身外之物，然人之欲立功名享福利者，恒不能徒手而得，必有借于财产。苟其得之以义，则即为其人之所当保守，而非他人所能干涉者也。名誉者，无形之财产，由其人之积德累行而后得之，故对于他人之谗诬污蔑，亦有保护之权利。是三者一失其安全，则社会之秩序，既无自而维持。是以国家特设法律，为吾人保护此三大权利。而吾人亦必尊重他人之权利，而不敢或犯。固为谨守法律之义务，抑亦对于社会之道德，以维持其秩序者也。

虽然，人仅仅不侵他人权利，则徒有消极之道德，而未足以尽对于社会之本务也。对于社会之本务，又有积极之道德，博爱是也。

博爱者，人生最贵之道德也。人之所以能为人者以此。苟其知有一身而不知有公家，知有一家而不知有社会，熟视其同胞之疾苦颠连，而无动于衷，不一为之援手，则与禽兽奚择焉？世常有生而废疾者，或有无辜而罹缧绁之辱者，其他鳏寡孤独，失业无告之人，所在多有，且文化渐开，民智益进，社会之竞争日烈，则贫富之相去益远，而世之素无凭借、因而沉沦者，与日俱增，此亦理势之所必然者也。而此等沉沦之人，既已日趋苦境，又不敢背戾道德法律之束缚，以侵他人之权利，苟非有赈济之者，安得不束手就毙乎？夫既同为人类，同为社会之一员，不忍坐视其毙而不救，于是本博爱之心，而种种慈善之业起焉。

博爱可以尽公德乎？未也。赈穷济困，所以弥缺陷，而非所以求进步；所以济目前，而非所以图久远。夫吾人在社会中，决不以目前之福利为已足也，且目前之福利，本非社会成立之始之所有，实吾辈之祖先，累代经营而驯致之，吾人既已沐浴祖先之遗德矣，顾不能使所承于祖先之社会，益臻完美，以遗诸子孙，不亦放弃吾人之本务乎？是故人在社会，又当各循其地位，量其势力，而图公益，开世务，以益美善其社会。苟能以一人而造福于亿兆，以一生而遗泽于百世，则没世而功业不朽，虽古之圣贤，蔑以加矣。

夫人既不侵他人权利，又能见他人之穷困而救之，举社会之公益而行之，则人生对于社会之本务，始可谓之完成矣。吾请举孔子之言以为证，孔子曰："己所不欲，勿施于人。"又曰："己欲立而立人，己欲达而达人。"是二者，一则限制人，使不可为；一则劝导人，使为之。一为消极之道德；一为积极之道德。一为公义；一为公德。二者不可偏废。我不欲人侵我之权利，则我亦慎勿侵人之权利，斯己所不欲，勿施于人之义也。我而穷也，常望人之救之，我知某事之有益于社会，即有益于我，而力或弗能举也，则望人之举之，则吾必尽吾力所能及，以救穷人而图公益，斯即欲立而立人欲达而达人之义也。二者，皆道德上之本务，而前者又兼为法律上之本务。人而仅欲不为法律上之罪人，则前者足矣，如欲免于道德上之罪，又不可不躬行后者之言也。

第二节 生 命

人之生命，为其一切权利义务之基本。无端而杀之，或伤之，是即举其一切之权利义务而悉破坏之，罪莫大焉。是以杀人者死，古今中外之法律，无不著之。

人与人不可以相杀伤。设有横暴之徒，加害于我者，我岂能坐受其害？势必尽吾力以为抵制，虽亦用横暴之术而杀之伤之，亦为正当之防卫。正当之防卫，不特不背于严禁杀伤之法律，而适所以保全之也。盖彼之欲杀伤我也，正所以破坏法律，我苟束手听命，以致自丧其生命，则不特我自放弃其权利，而且坐视法律之破坏于彼，而不尽吾力以相救，亦我之罪也。是故以正当之防卫而至于杀伤人，文明国之法律，所不禁也。

以正当之防卫，而至于杀伤人，是出于不得已也。使我身既已保全矣，而或余怒未已，或挟仇必报，因而杀伤之，是则在正当防卫之外，而我之杀伤为有罪。盖一人之权利，即以其一人利害之关系为范围，过此以往，则制裁之任在于国家矣。犯国家法律者，其所加害，虽或止一人，而实负罪于全社会。一人即社会之一分子，一分子之危害，必有关于全体之平和，犹之人身虽仅伤其一处，而即有害于全体之健康也。故刑罚之权，属于国家，而非私人之所得钦。苟有于正当防卫之外，而杀伤人者，国家亦必以罪罪之，此不独一人之私怨也，即或借是以复父兄戚友之仇，亦为徇私情而忘公义，今世文明国之法律多禁之。

决斗者，野蛮之遗风也，国家既有法律以断邪正，判曲直，而我等乃以一己之私愤，决之于格斗，是直彼此相杀而已，岂法律之所许乎？且决斗者，非我杀人，即人杀我，使彼我均为放弃本务之人。而求其缘起，率在于区区之私情，且其一胜一败，亦非曲直之所在，而视乎其技术之巧拙，此岂可与法律之裁制同日而语哉？

法律亦有杀人之事，大辟①是也。大辟之可废与否，学者所见，互有异同，今之议者，以为今世文化之程度，大辟之刑，

---

① 大辟：古代指死刑。

殆未可以全废。盖刑法本非一定，在视文化之程度而渐改革之。故昔日所行之刑罚，有涉于残酷者，诚不可以不改，而悉废死刑之说，尚不能不有待也。

因一人之正当防卫而杀伤人，为国家法律所不禁，则以国家之正当防卫而至于杀伤人，亦必为国际公法之所许，盖不待言，征战之役是也。兵凶战危，无古今中外，人人知之，而今之持社会主义者，言之尤为痛切，然坤舆①之上，既尚有国界，各国以各图其国民之利益，而不免与他国相冲突，冲突既剧，不能取决于樽俎之间，而决之以干戈，则其国民之躬与兵役者，发枪挥刃，以杀伤敌人，非特道德法律，皆所不禁，而实出于国家之命令，且出公款以为之准备者也。唯敌人之不与战役，或战败而降服者，则虽在两国开战之际，亦不得辄加以危害，此著之国际公法者也。

第三节　财　产

夫生命之可重，既如上章所言矣。然人固不独好生而已，必其生存之日，动作悉能自由，而非为他人之傀儡，则其生始为可乐，于是财产之权起焉。盖财产者，人所辛苦经营所得之，于此无权，则一生勤力，皆为虚掷，而于己毫不相关，生亦何为？且人无财产权，则生计必有时不给，而生命亦终于不保。故财产之可重，次于生命，而盗窃之罪，次于杀伤，亦古今中外之所同也。

财产之可重如此，然而财产果何自而始乎？其理有二：曰先占；曰劳力。

---

① 坤舆：指地球。坤，八卦之一，代表地。舆，地。

有物于此，本无所属，则我可以取而有之。何则？无主之物，我占之，而初非有妨于他人之权利也，是谓先占。

先占者，劳力之一端也。田于野，渔于水，或发见无人之地而占之，是皆属于先占之权者，虽其事难易不同，而无一不需乎劳力。故先占之权，亦以劳力为基本，而劳力即为一切财产权所由生焉。

凡不待劳力而得者，虽其物为人生所必需，而不得谓之财产。如空气弥纶大地，任人呼吸，用之而不竭，故不可以为财产。至于山禽野兽，本非有畜牧之者，故不属于何人，然有人焉捕而获之，则得据以为财产，以其为劳力之效也。其他若耕而得粟，制造而得器，其须劳力，便不待言，而一切财产之权，皆循此例矣。

财产者，所以供吾人生活之资，而俾得尽力于公私之本务者也。而吾人之处置其财产，且由是而获赢利，皆得自由，是之谓财产权。财产权之确定与否，即国之文野所由分也。盖此权不立，则横敛暴夺之事，公行于社会，非特无以保秩序而进幸福，且足以阻人民勤勉之心，而社会终于堕落也。

财产权之规定，虽恃乎法律，而要非人人各守权限，不妄侵他人之所有，则亦无自而确立，此所以又有道德之制裁也。

人既得占有财产之权，则又有权以蓄积之而遗赠之，此自然之理也。蓄积财产，不特为己计，且为子孙计，此亦人情敦厚之一端也。苟无蓄积，则非特无以应意外之需，所关于己身及子孙者甚大，且使人人如此，则社会之事业，将不得有力者以举行之，而进步亦无望矣。遗赠之权，亦不过实行其占有之权。盖人以己之财产遗赠他人，无论其在生前，在死后，要不外乎处置财产之自由，而家产世袭之制，其理亦同。盖人苟不为子孙计，则其所经营积蓄者，及身而止，无事多求，而人顾毕生勤勉，丰取啬用，若不知止足者，无非为子孙计耳。使其所蓄不得遗之子孙，则又谁乐为勤俭者？此即遗财产之权之所由起，而其他散济戚友捐助社会之事，可以例推矣。

财产权之所由得，或以先占，或以劳力，或以他人之所遗赠，虽各不同，而要其权之不可侵则一也。是故我之财产，不愿为他人所侵，则他人之财产，我亦不得而侵之，此即对于财产之本务也。

关于财产之本务有四，一曰，关于他人财产直接之本务；二曰，关于贷借之本务；三曰，关于寄托之本务；四曰，关于市易之本务。

盗窃之不义，虽三尺童子亦知之，而法律且厉禁之矣。然以道德衡之，则非必有穿窬劫掠之迹，而后为盗窃也。以虚伪之术，诱取财物，其间或非法律所及问，而揆①诸道德，其罪亦同于盗窃。又有貌为廉洁，而阴占厚利者，则较之盗窃之辈，迫于饥寒而为之者，其罪尤大矣。

人之所得，不必与其所需者，时时相应，于是有借贷之法，有无相通，洵人生之美事也。而有财之人，本无必应假贷之义务，故假贷于人而得其允诺，则不但有偿还之责任，而亦当感谢其恩意。且财者，生利之具，以财贷人，则并其贷借期内可生之利而让之，故不但有要求偿还之权，而又可以要求适当之酬报。而贷财于人者，既凭借所贷，而享若干之利益，则割其一部分以酬报于贷我者，亦当尽之本务也。唯利益之多寡，随时会而有赢缩，故要求酬报者，不能无限。世多有乘人困迫，而胁之以过当之息者，此则道德界之罪人矣。至于朋友亲戚，本有通财之义，有负债者，其于感激报酬，自不得不引为义务，

---

① 揆：推测，揣度。

而以财贷之者，要不宜计较锱铢，以流于利交之陋习也。

凡贷财于人者，于所约偿还之期，必不可以不守。也或有仅以偿还及报酬为负债者为本务，而不顾其期限者，此谬见也。例如学生假师友之书，期至不还，甚或转假于他人，则驯致不足以取信，而有书者且以贷借于人相戒，岂非人己两妨者耶？

受人之属而为之保守财物者，其当慎重，视己之财物为尤甚，苟非得其人之预约，及默许，则不得擅用之。自天灾时变非人力所能挽救外，苟有损害，皆保守者之责，必其所归者，一如其所授，而后保守之责为无忝。至于保守者之所费，与其当得之酬报，则亦物主当尽之本务也。

人类之进化，由于分职通功，而分职通功之所以行，及基本于市易。故市易者，大有造于社会者也。然使为市易者，于货物之精粗，价值之低昂，或任意居奇，或乘机作伪，以为是本非法律所规定也，而以商贾之道德绳之，则其事已谬。且目前虽占小利而顿失其他日之信用，则所失正多。西谚曰：正直者，上乘之策略。洵至言也。

人于财产，有直接之关系，自非服膺道义恪守本务之人，鲜不为其所诱惑，而不知不觉，躬犯非义之举。盗窃之罪，律有明文，而清议亦复綦①严，犯者尚少。至于贷借寄托市易之属，往往有违信背义，以占取一时之利者，斯则今之社会，不可不更求进步者也。夫财物之当与人者，宜不待其求而与之，而不可取者，虽见赠亦不得受，一则所以重人之财产，而不敢侵；一则所以守己之本务，而无所歉。人人如是，则社会之福利，宁有量欤？

---

① 綦：极，很。

第四节 名 誉

人类者，不徒有肉体之嗜欲也，而又有精神之嗜欲。是故饱暖也，富贵也，皆人之所欲也，苟所得仅此而已，则人又有所不足，是何也？曰：无名誉。

豹死留皮，人死留名，言名誉之不朽也。人既有爱重名誉之心，则不但宝之于生前，而且欲传之于死后，此即人所以异于禽兽。而名誉之可贵，乃举人人生前所享之福利，而无足以尚之，是以古今忠孝节义之士，往往有杀身以成其名者，其价值之高为何如也。

夫社会之中，所以互重生命财产而不敢相侵者，何也？曰：此他人正当之权利也。而名誉之所由得，或以天才，或以积瘁，其得之之难，过于财产，而人之所爱护也，或过于生命。苟有人焉，无端而毁损之，其与盗人财物、害人生命何异？是以生命财产名誉三者，文明国之法律，皆严重保护之。唯名誉为无形者，法律之制裁，时或有所不及，而爱重保护之本务，乃不得不偏重于道德焉。

名誉之敌有二：曰谗诬；曰诽谤。二者，皆道德界之大罪也。

谗诬者，虚造事迹，以污蔑他人名誉之谓也。其可恶盖甚于盗窃，被盗者，失其财物而已；被谗诬者，或并其终身之权利而胥失之。流言一作，虽毫无根据，而妒贤嫉才之徒，率喧传之，举世靡然，将使公平挚实之人，亦为其所惑，而不暇详求，则其人遂为众恶之的，而无以自立于世界。古今有为之才，被谗诬之害，以至名败身死者，往往而有，可不畏乎？

诽谤者，乘他人言行之不检，而轻加以恶评者也。其害虽不如谗诬之甚，而其违公义也同。吾人既同此社会，利害苦乐，靡不相关，成人之美而救其过，人人所当勉也。见人之短，不以恳挚之意相为规劝，而徒讥评之以为快，又或乘人不幸之时，而以幸灾乐祸之态，归咎于其人，此皆君子所不为也。且如警察官吏，本以抉发隐恶为职，而其权亦有界限，若乃不在其职，而务讦人隐私，以为谈笑之资，其理何在？至于假托公益，而为诽谤，以逞其媢①嫉之心者，其为悖戾，更不待言矣。

世之为谗诬诽谤者，不特施之于生者，而或且施之于死者，其情更为可恶。盖生者尚有辨白昭雪之能力，而死者则并此而无之也。原谗诬诽谤之所由起，或以嫉妒，或以猜疑，或以轻率。夫羡人盛名，吾奋而思齐焉可也，不此之务，而忌之毁之，损人而不利己，非大愚不出此。至于人心之不同如其面，因人一言一行，而辄推之于其心术，而又往往以不肖之心测之，是徒自表其心地之龌龊耳。其或本无成见，而嫉恶太严，遇有不协于心之事，辄以恶评加之，不知人事蕃变，非备悉其始末，灼见其情伪，而平心以判之，鲜或得当，不察而率断焉，因而过甚其词，则动多谬误，或由是而贻害于社会者，往往有之。且轻率之断定，又有由平日憎疾其人而起者。憎疾其人，而辄以恶意断定其行事，则虽名为断定，而实同于谗谤，其流毒尤甚。故吾人于论事之时，务周详审慎，以无蹈轻率之弊，而于所憎之人，尤不可不慎之又慎也。

夫人必有是非之心，且坐视邪曲之事，默而不言，亦或为人情所难堪，唯是有意讦发，或为过情之毁？则于意何居。古人称守口如瓶，其言虽未必当，而亦非无见。若乃奸宄②之行，

---

① 媢：嫉妒。
② 奸宄：坏人。由内而起叫奸，由外而起叫宄。

有害于社会，则又不能不尽力攻斥，以去社会之公敌，是亦吾人对于社会之本务，而不可与损人名誉之事，同年而语者也。

第五节　博爱及公益

博爱者，人生至高之道德，而与正义有正负之别者也。行正义者，能使人免于为恶；而导人以善，则非博爱者不能。

有人于此，不干国法，不悖公义，于人间生命财产名誉之本务，悉无所歉，可谓能行正义矣。然道有饿莩而不知恤，门有孤儿而不知救，遂得为善人乎？

博爱者，施而不望报，利物而不暇己谋者也。凡动物之中，能历久而绵其种者，率恃有同类相恤之天性。人为万物之灵，苟仅斤斤于施报之间，而不恤其类，不亦自丧其天性，而有愧于禽兽乎？

人之于人，不能无亲疏之别，而博爱之道，亦即以是为序。不爱其亲，安能爱人之亲；不爱其国人，安能爱异国之人，如曰有之，非矫则悖，智者所不信也。孟子曰："老吾老以及人之老，幼吾幼以及人之幼。"又曰："亲亲而仁民，仁民而爱物。"此博爱之道也。

人人有博爱之心，则观于其家，而父子亲，兄弟睦，夫妇和；观于其社会，无攘夺，无忿争，贫富不相蔑，贵贱不相凌，老幼废疾，皆有所养，蔼然有恩，秩然有序，熙熙暤暤，如登春台①，岂非人类之幸福乎！

博爱者，以己所欲，施之于人。是故见人之疾病则拯之，

---

① 熙熙暤暤，如登春台：语出《老子》第二十章："众人熙熙，如享太牢，如登春台。"春台，美好的旅游观光的地方，比喻极好的生活环境。

见人之危难则救之，见人之困穷则补助之。何则？人苟自立于疾病危难困穷之境，则未有不望人之拯救之而补助之者也。

赤子临井，人未有见之而不动其恻隐之心者。人类相爱之天性，固如是也。见人之危难而不之救，必非人情。日汨于利己之计较，以养成凉薄之习，则或忍而为此耳。夫人苟不能挺身以赴人之急，则又安望其能殉社会、殉国家乎？华盛顿尝投身奔湍，以救濒死之孺子，其异日能牺牲其身，以为十三州之同胞，脱英国之轭，而建独立之国者，要亦由有此心耳。夫处死生一发之间，而能临机立断，固由其爱情之挚，而亦必有毅力以达之，此则有赖于平日涵养之功者也。

救人疾病，虽不必有挺身赴难之危险，而于传染之病，为之看护，则直与殉之以身无异，非有至高之道德心者，不能为之。苟其人之地位，与国家社会有重大之关系，又或有侍奉父母之责，而轻以身试，亦为非宜，此则所当衡其轻重者也。

济人以财，不必较其数之多寡，而其情至为可嘉，受之者尤不可不感佩之。盖损己所余以周人之不足，是诚能推己及人，而发于其友爱族类之本心者也。慈善之所以可贵，即在于此。若乃本无博爱之心，而徒仿一二慈善之迹，以博虚名，则所施虽多，而其价值，乃不如少许之出于至诚者。且其伪善沽名，适以害德，而受施之人，亦安能历久不忘耶？

博爱者之慈善，唯虑其力之不周，而人之感我与否，初非所计。即使人不感我，其是非固属于其人，而于我之行善，曾何伤焉？若乃怒人之忘德，而遽彻其慈善，是吾之慈善，专为市恩而设，岂博爱者之所为乎？唯受人之恩而忘之者，其为不德，尤易见耳。

博爱者，非徒曰吾行慈善而已。其所以行之者，亦不可以无法。盖爱人以德，当为图永久之福利，而非使逞快一时，若不审其相需之故，而漫焉施之，受者或随得随费，不知节制，则吾之所施，于人奚益？也固有习于荒怠之人，不务自立，而以仰给于人为得计，吾苟堕其术中，则适以助长其依赖心，而使永无自振之一日。爱之而适以害之，是不可不致意焉。

夫如是，则博爱之为美德，诚彰彰矣。然非扩而充之，以开世务，兴公益，则吾人对于社会之本务，犹不能无遗憾。何则？吾人处于社会，则与社会中之人人，皆有关系，而社会中人人与公益之关系，虽不必如疾病患难者待救之孔亟，而要其为相需则一也，吾但见疾病患难之待救，而不顾人人所需之公益，毋乃持其偏而忘其全，得其小而遗其大者乎？

夫人才力不同，职务尤异，合全社会之人，而求其立同一之功业，势必不能。然而随分应器，各图公益，则何不可有之。农工商贾，任利用厚生之务；学士大夫，存移风易俗之心，苟其有裨于社会，则其事虽殊，其效一也。人生有涯，局局身家之间，而于世无补，暨其没也，贫富智愚，同归于尽。唯夫建立功业，有裨于社会，则身没而功业不与之俱尽。始不为虚生人世，而一生所受于社会之福利，亦庶几无忝矣。所谓公益者，非必以目前之功利为准也。如文学美术，其成效常若无迹象之可寻，然所以拓国民之智识，而高尚其品性者，必由于是。是以天才英绝之士，宜超然功利以外，而一以发扬国华为志，不蹈前人陈迹，不拾外人糟粕，抒其性灵，以摩荡社会，如明星之粲于长夜、美花之映于座隅，则无形之中，社会实受其赐。有如一国富强，甲于天下，而其文艺学术，一无可以表见，则千载而后，谁复知其名者？而古昔既墟之国，以文学美术之力，垂名百世，迄今不朽者，往往而有，此岂可忽视者欤？

不唯此也，即社会至显之事，亦不宜安近功而忘远虑，常宜规模远大，以遗饷后人，否则社会之进步，不可得而期也。

是故有为之士，所规画者，其事固或非一手一足之烈，而其利亦能历久而不渝，此则人生最大之博爱也。

量力捐财，以助公益，此人之所能为，而后世子孙，与享其利，较之饮食征逐之费，一啕而尽者，其价值何如乎？例如修河渠，缮堤防，筑港埠，开道路，拓荒芜，设医院，建学校皆是。而其中以建学校为最有益于社会之文明。又如私设图书馆，纵人观览，其效亦同。其他若设育婴堂、养老院等，亦为博爱事业之高尚者，社会文明之程度，即于此等公益之盛衰而测之矣。

图公益者，又有极宜注意之事，即慎勿以公益之名，兴无用之事是也。好事之流，往往为美名所眩，不审其利害何若，仓卒举事，动辄蹉跌，则又去而之他。若是者，不特自损，且足为利己者所借口，而以沮丧向善者之心，此不可不慎之于始者也。

又有借公益以沽名者，则其迹虽有时与实行公益者无异，而其心迥别，或且不免有倒行逆施之事。何则？其目的在名。则苟可以得名也，而他非所计，虽其事似益而实损，犹将为之。实行公益者则不然，其目的在公益。苟其有益于社会也，虽或受无识者之谤议，而亦不为之阻。此则两者心术之不同，而其成绩亦大相悬殊矣。

人既知公益之当兴，则社会公共之事物，不可不郑重而爱护之。凡人于公共之物，关系较疏，则有漫不经意者，损伤破毁，视为常事，此亦公德浅薄之一端也。夫人既知他人之财物不可以侵，而不悟社会公共之物，更为贵重者，何欤？且人既知毁人之物，无论大小，皆有赔偿之责，今公然毁损社会公共之物，而不任其赔偿者，何欤？如学堂诸生，每有抹壁唾地之事，而公共花卉，道路荫木，经行者或无端而攀折之，至于青年子弟，诣神庙佛寺，又或倒灯复瓮，自以为快，此皆无赖之事，而有悖于公德者也。欧美各国，人人崇重公共事物，习以为俗，损伤破毁之事，始不可见，公园椅榻之属，间以公共爱护之言，书于其背，此诚一种之美风，而我国人所当奉为圭臬者也。国民公德之程度，视其对于公共事物如何，一木一石之微，于社会利害，虽若无大关系，而足以表见国民公德之浅深，则其关系，亦不可谓小矣。

第六节　礼让及威仪

　　凡事皆有公理，而社会行习之间，必不能事事以公理绳之。苟一切绳之以理，而寸步不以让人，则不胜冲突之弊，而人人无幸福之可言矣。且人常不免为感情所左右，自非豁达大度之人，于他人之言行，不慊①吾意，则辄引似是而非之理以纠弹之，冲突之弊，多起于此。于是乎有礼让以为之调和，而彼此之感情，始不至于冲突焉。

　　人之有礼让，其犹车辖之脂乎，能使人交际圆滑，在温情和气之间，以完其交际之本意。欲保维社会之平和，而增进其幸福，殆不可一日无者也。

　　礼者，因人之亲疏等差，而以保其秩序者也。其要在不伤彼我之感情，而互表其相爱相敬之诚，或有以是为虚文者，谬也。

　　礼之本始，由人人有互相爱敬之诚，而自发于容貌。盖人情本不相远，而其生活之状态，大略相同，则其感情之发乎外而为拜揖送迎之仪节，亦自不得不同，因袭既久，成为惯例，

---

　　① 慊：满足，满意。

此自然之理也。故一国之礼，本于先民千百年之习惯，不宜辄以私意删改之。盖崇重一国之习惯，即所以崇重一国之秩序也。

夫礼，既本乎感情而发为仪节，则其仪节，必为感情之所发见，而后谓之礼。否则意所不属，而徒拘牵于形式之间，是刍狗耳。仪节愈繁，而心情愈鄙，自非徇浮华好谄谀之人，又孰能受而不斥者。故礼以爱敬为本。

爱敬之情，人类所同也，而其仪节，则随其社会中生活之状态，而不能无异同。近时国际公私之交，大扩于古昔，交际之仪节，有不可以拘墟者，故中流以上之人，于外国交际之礼，亦不可不致意焉。

让之为用，与礼略同。使人互不相让，则日常言论，即生意见，亲旧交际，动辄龃龉。故敬爱他人者，不务立异，不炫所长，务以成人之美。盖自异自炫，何益于己，徒足以取厌启争耳。虚心平气，好察迩言，取其善而不翘其过，此则谦让之美德，而交际之要道也。

排斥他人之思想与信仰，亦不让之一也。精神界之科学，尚非人智所能独断。人我所见不同，未必我果是而人果非，此文明国宪法，所以有思想自由、信仰自由之则也。苟当讨论学术之时，是非之间，不能异立，又或于履行实事之际，利害之点，所见相反，则诚不能不各以所见，互相驳诘，必得其是非之所在而后已。然亦宜平心以求学理事理之关系，而不得参以好胜立异之私意。至于日常交际，则他人言说虽与己意不合，何所容其攻诘，如其为之，亦徒彼此忿争，各无所得已耳。温良谦恭，薄责于人，此不可不注意者。至于宗教之信仰，自其人观之，一则为生活之标准，一则为道德之理想，吾人决不可以轻侮嘲弄之态，侵犯其自由也。由是观之，礼让者，皆所以持交际之秩序，而免其龃龉者也。然人固非特各人之交际而已，于社会全体，亦不可无仪节以相应，则所谓威仪也。

威仪者，对于社会之礼让也。人尝有于亲故之间，不失礼让，而对于社会，不免有粗野傲慢之失者，是亦不思故耳。同处一社会中，则其人虽有亲疏之别，而要必互有关系，苟人人自亲故以外，即复任意自肆，不顾取厌，则社会之爱力，为之减杀矣。有如垢衣被发，呼号道路，其人虽若自由，而使观之者不胜其厌忌，可谓之不得罪于社会乎？凡社会事物，各有其习惯之典例，虽违者无禁，犯者无罚，而使见而不快，闻而不慊，则其为损于人生之幸福者为何如耶！古人有言，满堂饮酒，有一人向隅而泣，则举座为之不欢，言感情之相应也。乃或于置酒高会之时，白眼加人，夜郎自大，甚或骂座掷杯，凌侮侪辈，则岂非蛮野之遗风，而不知礼让为何物欤。欧美诸国士夫，于宴会中，不谈政治，不说宗教，以其易启争端，妨人欢笑，此亦美风也。

凡人见邀赴会，必预审其性质如何，而务不失其相应之仪表。如会葬之际，谈笑自如，是为幸人之灾，无礼已甚，凡类此者，皆不可不致意也。

第四章 国家

第一节 总论

国也者,非徒有土地有人民之谓,谓以独立全能之主权,而统治其居于同一土地之人民者也。又谓之国家者,则以视一国如一家之故。是故国家者,吾人感觉中有形之名,而国家者,吾人理想中无形之名也。

国为一家之大者,国人犹家人也。于多数国人之中而有代表主权之元首,犹于若干家人之中而有代表其主权之家主也。家主有统治之权,以保护家人权利,而使之各尽其本务。国家亦然,元首率百官以统治人民,亦所以保护国民之权利,而使各尽其本务,以报效于国家也。使一家之人,不奉其家主之命,而弃其本务,则一家离散,而家族均被其祸。一国之民,各顾其私,而不知奉公,则一国扰乱,而人民亦不能安其堵焉。

凡有权利,则必有与之相当之义务。而有义务,则亦必有与之相当之权利,二者相因,不可偏废。我有行一事保一物之权利,则彼即有不得妨我一事夺我一物之义务,此国家与私人之所同也。是故国家既有保护人之义务,则必可以行其义务之权利;而人民既有享受国家保护之权利,则其对于国家,必有当尽之义务,盖可知也。

人之权利,本无等差,以其大纲言之,如生活之权利,职业之权利，财产之权利，思想之权利，非人人所同有乎！我有此权利，而人或侵之，则我得而抵抗之，若不得已，则借国家之权力以防遏之，是谓人人所有之权利，而国家所宜引为义务者也。国家对于此事之权利，谓之公权，即国家所以成立之本。请详言之。

权漫无制限，则流弊甚大。如二人意见不合，不必相妨也，而或且以权利被侵为口实。由此例推，则使人人得滥用其自卫权，而不受公权之限制，则无谓之争阋，将日增一日矣。

于是乎有国家之公权，以代各人之自卫权，而人人不必自危，亦不得自肆，公平正直，各得其所焉。夫国家既有为人防卫之权利，则即有防卫众人之义务，义务愈大，则权利亦愈大。故曰：国家之所以成立者，权力也。

国家既以权力而成立，则欲安全其国家者，不可不巩固其国家之权力，而慎勿毁损之，此即人民对于国家之本务也。

第二节　法　律

吾人对于国家之本务，以遵法律为第一义。何则？法律者，维持国家之大纲，吾人必由此而始能保有其权利者也。人之意志，恒不免为感情所动，为私欲所诱，以致有损人利己之举动。所以矫其偏私而纳诸中正，使人人得保其平等之权利者，法律也；无论公私之际，有以防强暴折奸邪，使不得不服从正义者，法律也；维持一国之独立，保全一国之利福者，亦法律也。是故国而无法律，或有之而国民不遵也，则盗贼横行，奸邪跋扈，国家之沦亡，可立而待。否则法律修明，国民恪遵而勿失，则社会之秩序，由之而不紊，人民之事业，由之而无扰，人人得尽其心力，以从事于职业，而安享其效果，是皆法律之赐；而要非国民恪遵法律，不足以致此也。顾世人知法律之当遵矣，而又谓法律不皆允当，不妨以意为从违，是徒启不遵法律之端者也。夫一国之法律，本不能悉中情理，或由议法之人，知识浅隘，或以政党之故，意见偏颇，亦有立法之初，适合社会情势，历久则社会之情势渐变，而法律如故，因不能无方凿圆枘之弊，此皆国家所不能免者也。既有此弊法，则政府固当速图改革，而人民亦得以其所见要求政府，使必改革而后已。唯其新法未定之期，则不能不暂据旧法，以维持目前之治安。何则？其法虽弊，尚胜于无法也，若无端抉而去之，则其弊可胜言乎？

法律之别颇多，而大别之为三，政法、刑法、民法是也。政法者，所以规定政府之体裁，及政府与人民之关系者也。刑法者，所以预防政府及人民权利之障害，及罚其违犯者也。民法者，所以规定人民与人民之关系，防将来之争端，而又判临时之曲直者也。

官吏者，据法治事之人。国民既遵法律，则务勿挠执法者之权而且敬之。非敬其人，敬执法之权也。且法律者，国家之法律，官吏执法，有代表国家之任，吾人又以爱重国家之故而敬官吏也。官吏非有学术才能者不能任。学士能人，人知敬之，而官吏独不足敬乎？

官吏之长，是为元首。立宪之国，或戴君主，或举总统，而要其为官吏之长一也，既知官吏之当敬，而国民之当敬元首，无待烦言，此亦尊重法律之意也。

第三节　租　税

家无财产，则不能保护其子女，唯国亦然。苟无财产，亦不能保护其人民。盖国家内备奸宄，外御敌国，不能不有水陆军,及其应用之舰垒器械及粮饷;国家执行法律,不能不有法院监狱;国家图全国人民之幸福,不能不修道路,开沟渠,设灯台,启公囿,立学堂,建医院,及经营一切公益之事。凡此诸事,无不有任事之人。而任事者不能不给以禄俸。然则国家应出之经费,其浩大可想也,而担任此费者,厥维①享有国家各种利益之人民,此人民所以有纳租税之义务也。

人民之当纳租税,人人知之,而间有苟求幸免者,营业则匿其岁入,不以实报,运货则绕越关津,希图漏税,其他舞弊营私,大率类此。是上则亏损国家,而自荒其义务;下则卸其责任之一部,以分担于他人。故以国民之本务绳之,谓之无爱国心,而以私人之道德绳之,亦不免于欺罔之罪矣。

第四节 兵 役

国家者,非一人之国家,全国人民所集合而成者也。国家有庆,全国之人共享之,则国家有急,全国之人亦必与救之。国家之有兵役,所以备不虞之急者也。是以国民之当服兵役,与纳租税同,非迫于法律不得已而为之,实国民之义务,不能自己者也。

国之有兵,犹家之有阍人②焉。其有城堡战堡也,犹家之有门墙焉。家无门墙,无阍人,则盗贼接踵,家人不得高枕无忧。国而无城堡战舰,无守兵,则外侮四逼,国民亦何以聊生耶?且方今之世,交通利便,吾国之人,工商于海外者,实繁有徒,自非祖国海军,游弋重洋,则夫远游数万里外,与五方

---

① 厥维:乃是。厥,乃,才。
② 阍人:看守家门的人。阍,门槛。

杂处之民，角什一之利①者，亦安能不受凌侮哉？国家之兵力，所关于互市之利者，亦非鲜矣。

国家兵力之关系如此，亦夫人而知之矣。然人情畏劳而恶死，一旦别父母，弃妻子，舍其本业而从事于垒舰之中，平日起居服食，一为军纪所束缚，而不得自由，即有事变，则挺身弹刃之中，争死生于一瞬，故往往有却顾而不前者。不知全国之人，苟人人以服兵役为畏途，则转瞬国亡家破，求幸生而卒不可得。如人人委身于兵役，则不必果以战死，而国家强盛，人民全被其赐，此不待智者而可决，而人民又乌得不以服兵役为义务欤？

方今世界，各国无不以扩张军备为第一义，虽有万国公法以为列国交际之准，又屡开万国平和会于海牙，若各以启衅为戒者，而实则包藏祸心，恒思蹈瑕抵隙，以求一逞，名为平和，而实则乱世，一旦猝遇事变，如飓风忽作，波涛汹涌，其势有不可测者。然则有国家者，安得不预为之所耶？

第五节 教 育

为父母者，以体育、德育、智育种种之法，教育其子女，有二因焉：一则使之壮而自立，无坠其先业；一则使之贤而有才，效用于国家。前者为寻常父母之本务，后者则对于国家之本务也。诚使教子女者，能使其体魄足以堪劳苦，勤职业，其知识足以判事理，其技能足以资生活，其德行足以为国家之良民，则非特善为其子女，而且对于国家，亦无歉于义务矣。夫人类循自然之理法，相集合而为社会，为国家，自非智德齐等，

---

① 角什一之利：竞争十分之一的利润。

殆不足以相生相养，而保其生命，享其福利。然则有子女者，乌得怠其本务欤？

一国之中，人民之贤愚勤惰，与其国运有至大之关系。故欲保持其国运者，不可不以国民教育，施于其子弟，苟或以姑息为爱，养成放纵之习；即不然，而仅以利己主义教育之，则皆不免贻国家以泮涣之戚，而全国之人，亦受其弊，其子弟亦乌能幸免乎？盖各国风俗习惯历史政制，各不相同，则教育之法，不得不异。所谓国民教育者，原本祖国体制，又审察国民固有之性质，而参互以制定之。其制定之权，即在国家，所以免教育主义之冲突，而造就全国人民，使皆有国民之资格者也。是以专门之教育，虽不妨人人各从其所好，而普通教育，则不可不以国民教育为准，有子女者慎之。

第六节 爱 国

爱国心者，起于人民与国土之感情，犹家人之爱其居室田产也。开国之民，逐水草而徙，无定居之地，则无所谓爱国。及其土著也，画封疆，辟草莱，耕耘建筑，尽瘁于斯，而后有爱恋土地之心，是谓爱国之滥觞。至于土地渐廓，有城郭焉，有都邑焉，有政府而执事焉。自其法律典例之成立，风俗习惯之沿革，与夫语言文章之应用，皆画然自成为一国，而又与他国相交涉，于是乎爱国之心，始为人民之义务矣。

人民爱国心之消长，为国运之消长所关。有国于此，其所以组织国家之具，虽莫不备，而国民之爱国心，独无以副之，则一国之元气，不可得而振兴也。彼其国土同，民族同，言语同，习惯同，风俗同，非不足以使人民有休戚相关之感情，而且政府同，法律同，文献传说同，亦非不足以使人民有协同从事之兴会,然苟非有爱国心以为之中坚,则其民可与共安乐,而不可与共患难。事变猝起,不能保其之死而靡他也。故爱国之心,实为一国之命脉,有之,则一切国家之原质,皆可以陶冶于其炉锤之中;无之,则其余皆骈枝也。

爱国之心,虽人人所固有,而因其性质之不同,不能无强弱多寡之差,既已视为义务,则人人以此自勉,而后能以其爱情实现于行事,且亦能一致其趣向,而无所参差也。

人民之爱国心,恒随国运为盛衰。大抵一国当将盛之时,若垂亡之时,或际会大事之时,则国民之爱国心,恒较为发达。国之将兴也,人人自奋,思以其国力冠绝世界,其勇往之气,如日升升。昔罗马暴盛之时,名将辈出,士卒致死,因而并吞四邻,其已事也。国之将衰也,或其际会大事也,人人惧祖国之沦亡,激励忠义,挺身赴难,以挽狂澜于既倒,其悲壮沉痛亦有足伟者,如亚尔那温克特里①之于瑞士,哥修士孤②之于波兰是也。

由是观之,爱国心者,本起于人民与国土相关之感情,而又为组织国家最要之原质,足以挽将衰之国运,而使之隆盛,实国民最大之义务,而不可不三致意者焉。

第七节　国际及人类

大地之上,独立之国,凡数十。彼我之间,聘问往来,亦自有当尽之本务。此虽外交当局者之任,而为国民者,亦不可不通知其大体也。

---

① 亚尔那温克特里:中世纪瑞士民族英雄。今译作阿诺德·冯·温克里德。
② 哥修士孤:18世纪波兰民族英雄。今译作科希丘什科。

以道德言之，一国犹一人也，唯大小不同耳。国有主权，犹人之有心性。其有法律，犹人之有意志也。其维安宁，求福利，保有财产名誉，亦犹人权之不可侵焉。

国家既有不可侵之权利，则各国互相爱重，而莫或相侵；此为国际之本务。或其一国之权利，为他国所侵，则得而抗拒之，亦犹私人之有正当防卫之权焉。唯其施行之术，与私人不同。私人之自卫，特在法律不及保护之时，苟非迫不及待，则不可不待正于国权。国家则不然，各国并峙，未尝有最高之公权以控制之，虽有万国公法，而亦无强迫执行之力。故一国之权利，苟被侵害，则自卫之外，别无他策，而所以实行自卫之道者，战而已矣。

战之理，虽起于正当自卫之权，而其权不受控制，国家得自由发敛之，故常为野心者之所滥用。大凌小，强侮弱，虽以今日盛唱国际道德之时，犹不能免。唯列国各尽其防卫之术，处攻势者，未必有十全之胜算，则苟非必不得已之时，亦皆惮于先发。于是国际龃龉之端，间亦恃万国公法之成文以公断之，而得免于战祸焉。

然使两国之争端，不能取平于樽俎之间，则不得不以战役决之。开战以后，苟有可以求胜者，皆将无所忌而为之，必屈敌人而后已。唯敌人既屈，则目的已达，而战役亦于是毕焉。

开战之时，于敌国兵士，或杀伤之，或俘囚之，以杀其战斗力，本为战国应有之权利，唯其妇孺及平民之不携兵器者，既不与战役，即不得加以戮辱。敌国之城郭堡垒，固不免于破坏，而其他工程之无关战役者，亦不得妄有毁损。或占而有之，以为他日赔偿之保证，则可也。其在海战，可以捕敌国船舰，而其权唯属国家，若纵兵掳掠，则与盗贼奚择焉？

在昔人文未开之时，战胜者往往焚敌国都市，掠其金帛子女，是谓借战胜之余威，以逞私欲，其戾于国际之道德甚矣。近世公法渐明，则战胜者之权利，亦已渐有范围，而不至复如昔日之横暴，则亦道德进步之一征也。

国家者，积人而成，使人人实践道德，而无或悖焉，则国家亦必无非理悖德之举可知也。方今国际道德，虽较进于往昔，而野蛮之遗风，时或不免，是亦由人类道德之未尽善，而不可不更求进步者也。

人类之聚处，虽区别为各家族、各社会、各国家，而离其各种区别之界限而言之，则彼此同为人类，故无论家族有亲疏、社会有差等、国家有与国、敌国之不同，而既已同为人类，则又自有其互相待遇之本务可知也。

人类相待之本务如何？曰：无有害于人类全体之幸福，助其进步，使人我同享其利而已。夫笃于家族者，或不免漠然于社会，然而社会之本务，初不与家族之本务相妨。忠于社会者，或不免不经意于国家，然而国家之本务，乃适与社会之本务相成。然则爱国之士，屏斥世界主义者，其未知人类相待之本务，固未尝与国家之本务相冲突也。

譬如两国开战，以互相杀伤为务者也。然而有红十字会者，不问其伤者为何国之人，悉噢咻①而抚循之，初未尝与国家主义有背也。夫两国开战之时，人类相待之本务，尚不以是而间断，则平日盖可知矣。

---

① 噢咻：本为感叹、拟声词。此处比喻尽心、用心。

第五章 职 业

第一节 总 论

　　凡人不可以无职业,何则?无职业者,不足以自存也。人虽有先人遗产,苟优游度日,不讲所以保守维持之道,则亦不免于丧失者。且世变无常,千金之子,骤失其凭借者,所在多有,非素有职业,亦奚以免于冻馁乎?

　　有人于此,无材无艺,袭父祖之遗财,而安于怠废,以道德言之,谓之游民。游民者,社会之公敌也。不唯此也,人之身体精神,不用之,则不特无由畅发,而且日即于耗废,过逸之弊,足以戕其天年。为财产而自累,愚亦甚矣。既有此资财,则奚不利用之,以讲求学术,或捐助国家,或兴举公益,或旅行远近之地,或为人任奔走周旋之劳,凡此皆所以益人裨世,而又可以自练其身体及精神,以增进其智德;较之饱食终日,以多财自累者,其利害得失,不可同日而语矣。夫富者,为社会所不可少,即货殖之道,亦不失为一种之职业,但能善理其财,而又能善用之以有裨于社会,则又孰能以无职业之人目之耶?

　　人不可无职业,而职业又不可无选择。盖人之性质,于素所不喜之事,虽勉强从事,辄不免事倍而功半;从其所好,则劳而不倦,往往极其造诣之精,而渐有所阐明。故选择职业,必任各人之自由,而不可以他人干涉之。

自择职业,亦不可以不慎,盖人之于职业,不唯其趣向之合否而已,又于其各种凭借之资,大有关系。尝有才识不出中庸,而终身自得其乐;或抱奇才异能,而以坎坷不遇终者;甚或意匠惨淡,发明器械,而绌于资财,赍志以没①。世界盖尝有多许之奈端②、瓦特其人,而成功如奈端、瓦特者卒鲜,良可慨也。是以自择职业者,慎勿轻率妄断,必详审职业之性质,与其义务,果与己之能力及境遇相当否乎,即不能辄决,则参稽于老成练达之人,其亦可也。

凡一职业中,莫不有特享荣誉之人,盖职业无所谓高下,而荣誉之得否,仍关乎其人也。其人而贤,则虽屠钓之业,亦未尝不可以显名,唯择其所宜而已矣。

承平之世,子弟袭父兄之业,至为利便,何则?幼而狎之,长而习之,耳濡目染,其理论方法,半已领会于无意之中也。且人之性情,有所谓遗传者。自高、曾以来,历代研究,其官能每有特别发达之点,而器械图书,亦复积久益备,然则父子相承,较之崛起而立业,其难易迟速,不可同年而语。我国古昔,如历算医药之学,率为世业,而近世音律图画之技,亦多此例,其明征也。唯人之性质,不易揆以一例,重以外界各种之关系,亦非无龃龉于世业者,此则不妨别审所宜,而未可以胶柱而鼓瑟③者也。

自昔区别职业,士、农、工、商四者,不免失之太简,泰西学者,以计学之理区别之者,则又人自为说,今核之于道德,

---

① 赍志以没:志向未实现而死去。赍,怀着,抱着。
② 奈端:英国物理学家。今译作牛顿。
③ 胶柱鼓瑟:比喻固执拘泥,不能变通。柱,瑟上调弦的短木。柱被粘住,就不能调整音高。

则不必问其业务之异同,而第以义务如何为标准,如劳心、劳力之分,其一例也。而以人类生计之关系言之,则可大别为二类:一出其资本以营业,而借劳力于人者;一出其能力以任事,而受酬报于人者。甲为佣者,乙为被佣者,二者义务各异,今先概论之,而后及专门职业之义务焉。

第二节 佣者及被佣者

佣者以正当之资本,若智力,对于被佣者,而命以事务给以佣值者也,其本务如下:

凡给于被佣者之值,宜视普通工值之率而稍丰赡之,第不可以同盟罢工,或他种迫胁之故而骤丰其值。若平日无先见之明,过啬其值,一遇事变,即不能固持,而悉如被佣者之所要求,则鲜有不出入悬殊,而自败其业者。

佣者之于被佣者,不能谓值之外,别无本务,盖尚有保护爱抚之责。虽被佣者未尝要求及此,而佣者要不可以不自尽也。如被佣者当劳作之时,猝有疾病事故,务宜用意周恤。其他若教育子女,保全财产,激励贮蓄之法,亦宜代为谋之。唯当行以诚恳恻怛之意,而不可过于干涉,盖干涉太过,则被佣者不免自放其责任,而失其品格也。

佣者之役使被佣者,其时刻及程度,皆当有制限,而不可失之过酷,其在妇稚,尤宜善视之。

凡被佣者,大抵以贫困故,受教育较浅,故往往少远虑,而不以贮蓄为意,业繁而值裕,则滥费无节;业耗而佣俭,则口腹不给矣。故佣者宜审其情形,为设立保险公司,贮蓄银行,或其他慈善事业,为割其佣值之一部以充之,俾得备不时之需。如见有博弈饮酒,耽逸乐而害身体者,宜恳切劝谕之。

凡被佣者之本务，适与佣者之本务相对待。

被佣者之于佣者，宜挚实勤勉，不可存嫉妒猜疑之心，盖彼以有资本之故，而购吾劳力，吾能以操作之故，而取彼资财，此亦社会分业之通例，而自有两利之道者也。

被佣者之操作，不特为对于佣者之义务，而亦为自己之利益。盖怠惰放佚，不唯不利于佣者，而于己亦何利焉？故挚实勤勉，实为被佣者至切之本务也。

休假之日，自有乐事，然亦宜择其无损者。如沉湎放荡，务宜戒之。若能乘此暇日，为亲戚朋友协助有益之事，则尤善矣。

凡人之职业，本无高下贵贱之别。高下贵贱，在人之品格，而于职业无关也。被佣者苟能以暇日研究学理，寻览报章杂志之属，以通晓时事，或听丝竹，观图画，植花木，以优美其胸襟，又何患品格之不高尚耶？

佣值之多寡，恒视其制作品之售价以为准。自被佣者观之，自必多多益善，然亦不能不准之于定率者。若要求过多，甚至纠结朋党，挟众力以胁主人，则亦谬矣。

有欲定画一之佣值者，有欲专以时间之长短，为佣值多寡之准者，是亦谬见也。盖被佣者，技能有高下，操作有勤惰，责任有重轻，其佣值本不可以齐等，要在以劳力与报酬，相为比例，否则适足以劝惰慢耳。唯被佣者，或以疾病事故，不能执役，而佣者仍给以平日之值，与他佣同，此则特别之惠，而未可视为常例者也。

孟子有言，无恒产者无恒心。此实被佣者之通病也。唯无恒心，故动辄被人指嗾①，而为疏忽暴戾之举，其思想本不免

---

① 指嗾：指使，唆使。嗾，教唆。

偏于同业利益，而忘他人之休戚，又常以滥费无节之故，而流于困乏，则一旦纷起，虽同业之利益，亦有所不顾矣，此皆无恒心之咎，而其因半由于无恒产，故为被佣者图久长之计，非平日积恒产而养恒心不可也。

农夫最重地产，故安土重迁，而能致意于乡党之利害，其挚实过于工人。唯其有恒产，是以有恒心也。顾其见闻不出乡党之外，而风俗习惯，又以保守先例为主，往往知有物质，而不知有精神，谋衣食，长子孙，囿于目前之小利，而不遑远虑。即子女教育，亦多不经意，更何有于社会公益、国家大计耶？故启发农民，在使知教育之要，与夫各种社会互相维系之道也。

我国社会间，贫富悬隔之度，尚不至如欧美各国之甚，故均富主义，尚无蔓延之虑。然世运日开，智愚贫富之差，亦随而日异，智者富者日益富，愚者贫者日益穷，其究也，必不免于悬隔，而彼此之冲突起矣。及今日而预杜其弊，唯在教育农工，增进其智识，使不至永居人下而已。

第三节　官　吏

佣者及被佣者之关系，为普通职业之所同。今更将专门职业，举其尤重要者论之。

官吏者，执行法律者也。其当具普通之智识，而熟于法律之条文，所不待言，其于职务上所专司之法律，尤当通其原理，庶足以应蕃变之事务，而无失机宜也。

为官吏者，既具职务上应用之学识，而其才又足以济之，宜可称其职矣。而事或不举，则不勤不精之咎也。夫职务过繁，未尝无日不暇给之苦，然使日力有余，而怠惰以旷其职，则安得不任其咎？其或貌为勤劬①，而治事不循条理，则顾此失彼，亦且劳而无功。故勤与精，实官吏之义务也。世界各种职业，虽半为自图生计，而既任其职，则即有对于委任者之义务。况官吏之职，受之国家，其义务之重，有甚于工场商肆者。其职务虽亦有大小轻重之别，而其对于公众之责任则同。夫安得漫不经意，而以不勤不精者当之耶？

勤也精也，皆所以有为也。然或有为而无守，则亦不足以任官吏。官吏之操守，所最重者：曰毋黩货，曰勿徇私。官吏各有常俸，在文明之国，所定月俸，足以给其家庭交际之费而有余，苟其贪黩无厌，或欲有以供无谓之糜费，而于应得俸给以外，或征求贿赂，或侵蚀公款，则即为公家之罪人，虽任事有功，亦无以自盖其愆矣。至于理财征税之官，尤以此为第一义也。

官吏之职，公众之职也，官吏当任事之时，宜弃置其私人之资格，而纯以职务上之资格自处。故用人行政，悉不得参以私心，夫征辟僚属，诚不能不取资于所识，然所谓所识者，乃识其才之可以胜任，而非交契之谓也。若不问其才，而唯以平日关系之疏密为断，则必致偾事②。又或以所治之事，与其戚族朋友有利害之关系，因而上下其手者，是皆徇私废公之举，官吏宜悬为厉禁者也。

官吏之职务，如此重要，而司法官之关系则尤大。何也？国家之法律，关于人与人之争讼者，曰民事法；关于生命财产之罪之刑罚者，曰刑事法。而本此法律以为裁判者，司法官也。

凡职业各有其专门之知识，为任此职业者所不可少，而其

---

① 劬：劳苦，勤劳。
② 偾事：把事情搞坏。偾，毁坏，败坏。

中如医生之于生理学，舟师之于航海术，司法官之于法律学，则较之他种职业，义务尤重，以其关于人间生命之权利也。使司法官不审法律精意，而妄断曲直，则贻害于人间之生命权至大，故任此者，既当有预蓄之知识；而任职以后，亦当以暇日孜孜讲求之。

司法官介立两造间，当公平中正，勿徇私情，勿避权贵，盖法庭之上，本无贵贱上下之别也。若乃妄纳赇①赃，颠倒是非，则其罪尤大，不待言矣。

宽严得中，亦司法者之要务，凡刑事裁判，苟非纠纷错杂之案，按律拟罪，殆若不难，然宽严之际，差以毫厘，谬以千里，亦不可以不慎。至于民事裁判，尤易以意为出入，慎勿轻心更易之。

大抵司法官之失职，不尽在学识之不足，而恒失之于轻忽，如集证不完，轻下断语者是也。又或证据尽得，而思想不足以澈之，则狡妄之供词，舞文之辩护，伪造之凭证，皆足以眩惑其心，而使之颠倒其曲直。故任此者，不特预储学识之为要，而尤当养其清明之心力也。

第四节 医 生

医者，关于人间生死之职业也，其需专门之知识，视他职业为重。苟其于生理解剖，疾病症候，药物性效，研究未精，而动辄为人诊治，是何异于挟刃而杀人耶？

医生对于病者，有守秘密之义务。盖病之种类，亦或有惮人知之者，医生若无端滥语于人，既足伤病者之感情，且使后

---

① 赇：贿赂。

来病者，不敢以秘事相告，亦足以为诊治之妨碍也。

医生当有冒险之性质，如传染病之类，虽在己亦有危及生命之虞，然不能避而不往，至于外科手术，尤非以沉勇果断者行之不可也。

医生之于病者，尤宜恳切，技术虽精，而不恳切，则不能有十全之功。盖医生不得病者之信用，则医药之力，已失其半，而治精神病者，尤以信用为根据也。

医生当规定病者饮食起居之节度，而使之恪守，若纵其自肆，是适以减杀医药之力也。故医生当勿欺病者，而务有以鼓励之，如其病势危笃，则尤不可不使自知之而自慎之也。

无论何种职业，皆当以康强之身体任之，而医生为尤甚。遇有危急之病，祁寒盛暑，微夜侵晨，亦皆有所不避。故务强健其身体，始有以赴人之急，而无所濡滞①。如其不能，则不如不任其职也。

第五节 教 员

教员所授，有专门学、普通学之别，皆不可无相当之学识。而普通学教员，于教授学科以外，训练管理之术，尤重要焉。不知教育之学，管理之法，而妄任小学教员，则学生之身心，受其戕贼，而他日必贻害于社会及国家，其罪盖甚于庸医之杀人。愿任教员者，不可不自量焉。

教员者，启学生之知识者也。使教员之知识，本不丰富，则不特讲授之际，不能详密，而学生偶有质问，不免穷于置对，启学生轻视教员之心，而教授之效，为之大减。故为教员者，

---

① 濡滞：耽误。濡，停留，迟滞。

于其所任之教科，必详博综贯，肆应不穷，而后能胜其任也。

知识富矣，而不谙教授管理之术，则犹之匣剑帷灯，不能展其长也。盖授知识于学生者，非若水之于盂，可以挹而注之，必导其领会之机，挚其研究之力，而后能与之俱化，此非精于教授法者不能也。学生有勤惰静躁之别，策其惰者，抑其躁者，使人人皆专意向学，而无互相扰乱之虑，又非精于管理法者不能也。故教员又不可不知教授管理之法。

教员者，学生之模范也。故教员宜实行道德，以其身为学生之律度，如卫生宜谨，束身宜严，执事宜敏，断曲直宜公，接人宜和，惩忿而窒欲，去鄙倍而远暴慢，则学生日熏其德，其收效胜于口舌倍蓰矣。

第六节　商　贾

商贾亦有佣者与被佣者之别。主人为佣者，而执事者为被佣者。被佣者之本务，与农工略同。而商业主人，则与农工业之佣者有异。盖彼不徒有对于被佣者之关系，而又有其职业中之责任也。农家产物之美恶，自有市价，美者价昂，恶者价绌，无自而取巧。工业亦然，其所制作，有精粗之别，则价值亦缘之而为差，是皆无关于道德者也。唯商家之货物，及其贸易之法，则不能不以道德绳之，请言其略。

正直为百行之本，而于商家为尤甚。如货物之与标本，理宜一致，乃或优劣悬殊，甚且性质全异，乘购者一时之不检，而矫饰以欺之，是则道德界之罪人也。

且商贾作伪，不特悖于道德而已，抑亦不审利害，盖目前虽可攫锱铢之利，而信用一失，其因此而受损者无穷。如英人以商业为立国之本，坐握宇内商权，虽由其勇于赴利，敏于乘机，具商界特宜之性质，而要其恪守商业道德，有高尚之风，少鄙劣之情，实为得世界信用之基本焉。盖英国商人之正直，习以成俗，虽宗教亦与有力，而要亦阅历所得，知非正直必不足以自立，故深信而笃守之也。索士比亚①有言："正直者，上乘之策略。"岂不然乎？

---

① 索士比亚：今译作莎士比亚。

· 下篇 ·

第一章　绪　论

人生当尽之本务,既于上篇分别言之,是皆属于实践伦理学之范围者也。今进而推言其本务所由起之理,则为理论之伦理学。

理论伦理学之于实践伦理学,犹生理学之于卫生学也。本生理学之原则而应用之,以图身体之健康,乃有卫生学;本理论伦理学所阐明之原理而应用之,以为行事之轨范,乃有实践伦理学。世亦有应用之学,当名之为术者,循其例,则唯理论之伦理学,始可以占伦理之名也。

理论伦理学之性质,与理化博物等自然科学,颇有同异,以其人心之成迹或现象为对象,而阐明其因果关系之理,与自然科学同。其阐定标准,而据以评判各人之行事,畀以善恶是非之名,则非自然科学之所具矣。

原理论伦理学之所由起,以人之行为,常不免有种种之疑问,而按据学理以答之,其大纲如下:

问:凡人无不有本务之观念,如所谓某事当为者,是何由而起欤?

答:人之有本务之观念也,由其有良心。

问:良心者,能命人以某事当为,某事不当为者欤?

答:良心者,命人以当为善而不当为恶。

问:何为善,何为恶?

答：合于人之行为之理想，而近于人生之鹄者为善，否则为恶。

问：何谓人之行为之理想？何谓人生之鹄？

答：自发展其人格，而使全社会随之以发展者；人生之鹄也，即人之行为之理想也。

问：然则准理想而定行为之善恶者谁欤？

答：良心也。

问：人之行为，必以责任随之，何故？

答：以其意志之自由也。盖人之意志作用，无论何种方向，固可以自由者也。

问：良心之所命，或从之，或悖之，其结果如何？

答：从良心之命者，良心赞美之；悖其命者，良心呵责之。

问：伦理之极致如何？

答：从良心之命，以实现理想而已。

伦理学之纲领，不外此等问题，当分别说之于后。

第二章　良心论

第一节　行　为

良心者，不特告人以善恶之别，且迫人以避恶而就善者也。行一善也，良心为之大快；行一不善也，则良心之呵责随之，盖其作用之见于行为者如此。故欲明良心，不可不先论行为。

世固有以人生动作一切谓之行为者，而伦理学之所谓行为，则其义颇有限制，即以意志作用为原质者也。苟不本于意志之作用，谓之动作，而不谓之行为，如呼吸之属是也。而其他特别动作，苟或缘于生理之变常，无意识而为之，或迫于强权者之命令，不得已而为之。凡失其意志自由选择之权者，皆不足谓之行为也。

是故行为之原质，不在外现之举动，而在其意志。意志之作用既起，则虽其动作未现于外，而未尝不可以谓之行为，盖定之以因，而非定之以果也。

法律之中，有论果而不求因者，如无意识之罪戾，不免处罚，而虽有恶意，苟未实行，则法吏不能过问是也。而道德则不然，有人于此，决意欲杀一人，其后阻于他故，卒不果杀。以法律绳之，不得谓之有罪，而绳以道德，则已与曾杀人者无异，是知道德之于法律，较有直内之性质，而其范围亦较广矣。

第二节 动　机

行为之原质，既为意志作用，然则此意志作用，何由而起乎？曰：起于有所欲望。此欲望者，或为事物所惑，或为境遇所驱，各各不同，要必先有欲望，而意志之作用乃起。故欲望者，意志之所缘以动者也，因名之曰动机。

凡人欲得一物，欲行一事，则有其所欲之事物之观念，是即所谓动机也。意志为此观念所动，而决行之，乃始能见于行为，如学生闭户自精，久而厌倦，则散策野外以振之，散策之观念，是为动机。意志为其所动，而决意一行，已而携杖出门，则意志实现而为行为矣。

夫行为之原质，既为意志作用，而意志作用，又起于动机，则动机也者，诚行为中至要之原质欤。

动机为行为中至要之原质，故行为之善恶，多判于此。而或专以此为判决善恶之对象，则犹未备。何则？凡人之行为，其结果苟在意料之外，诚可以不任其责。否则其结果之利害，既可预料，则行之者，虽非其欲望之所指，而其咎亦不能辞也。有人于此，恶其友之放荡无行，而欲有以劝阻之，此其动机之善者也，然或谏之不从，怒而殴之，以伤其友，此必非欲望之所在，然殴人必伤，既为彼之所能逆料，则不得因其动机之无恶，而并宽其殴人之罪也。是为判决善恶之准，则当于后章详言之。

第三节　良心之体用

人心之作用，蕃变无方，而得括之以智、情、意三者。然则良心之作用，将何属乎？在昔学者，或以良心为智、情、意三者以外特别之作用，其说固不可通。有专属之于智者，有专属之于情者，有专属之于意者，亦皆一偏之见也。以余观之，良心者，该智、情、意而有之，而不囿于一者也。凡人欲行一事，必先判决，其是非，此良心作用之属于智者也，既判其是非矣，而后有当行不当行之决定，是良心作用之属于意者也。于其未行之先，善者爱之，否者恶之，既行之后，则乐之，否则悔之，此良心作用之属于情者也。

由是观之，良心作用，不外乎智、情、意三者之范围明矣。然使因此而谓智、情、意三者，无论何时何地，必有良心作用存焉，则亦不然。盖必其事有善恶可判者。求其行为所由始，而始有良心作用之可言也。故伦理学之所谓行为，本指其特别者，而非包含一切之行为。因而意志及动机，凡为行为之原质者，亦不能悉纳诸伦理之范围。唯其意志、动机之属，既已为伦理学之问题者，则其中不能不有良心作用，固可知矣。

良心者，不特发于己之行为，又有因他人之行为而起者，如见人行善，而有亲爱尊敬赞美之作用；见人行恶，而有憎恶轻侮非斥之作用是也。

良心有无上之权力，以管辖吾人之感情。吾人于善且正者，常觉其不可不为，于恶且邪者，常觉其不可为。良心之命令，常若迫我以不能不从者，是则良心之特色，而为其他意识之所无者也。

良心既与人以行为、不行为之命令，则吾人于一行为，其善恶邪正在疑似之间者，决之良心可矣。然人苟知识未充，或情欲太盛，则良心之力，每为妄念所阻。盖常有行事之际，良心与妄念交战于中，或终为妄念所胜者，其或邪恶之行为，已成习惯，则非痛除妄念，其良心之力，且无自而伸焉。

幼稚之年，良心之作用，未尽发达，每不知何者为恶，而率尔行之，如残虐虫鸟之属是也。而世之成人，亦或以政治若宗教之关系，而持其偏见，恣其非行者。毋亦良心作用未尽发达之故欤？

良心虽人所同具，而以教育经验有浅深之别，故良心发达之程度，不能不随之而异，且亦因人性质而有厚薄之别。又竟有不具良心之作用，如肢体之生而残废者，其人既无领会道德之力，则虽有合于道德之行为，亦仅能谓之偶合而已。

以教育经验，发达其良心，青年所宜致意。然于智、情、意三者，不可有所偏重，而舍其余，使有好善恶恶之情，而无识别善恶之智力，则无意之中，恒不免自纳于邪。况文化日开，人事日繁，识别善恶，亦因而愈难，故智力不可不养也。有识别善恶之智力矣，而或弱于遂善避恶之意志，则与不能识别者何异？世非无富于经验之士，指目善恶，若烛照数计，而违悖道德之行，卒不能免，则意志薄弱之故也。故智、情、意三者，不可以不并养焉。

第四节　良心之起源

人之有良心也，何由而得之乎？或曰：天赋之；或曰：生而固有之；或曰：由经验而得之。

天赋之说，最为茫然而不可信，其后二说，则仅见其一方面者也：盖人之初生，本具有可以为良心之能力，然非有种种经验，以涵养而扩充之，则其作用亦无自而发现，如植物之种子然。其所具胚胎，固有可以发育之能力，然非得日光水气之助，则无自而萌芽也，故论良心之本原者，当合固有及经验之两说，而其义始完。

人所以固有良心之故，则昔贤进化论，尝详言之。盖一切生物，皆不能免于物竞天择之历史，而人类固在其中。竞争之效，使其身体之结构，精神之作用，宜者日益发达，而不宜者日趋于消灭，此进化之定例也。人之生也，不能孤立而自存，必与其他多数之人，相集合而为社会，为国家，而后能相生相养。夫既以相生相养为的，则其于一群之中，自相侵凌者，必被淘汰于物竞之界，而其种族之能留遗以至今者，皆其能互相爱护故也：此互相爱护之情曰同情。同情者，良心作用之端绪也，由此端绪，而本遗传之理，祖孙相承，次第进化，遂为人类不灭之性质，其所由来也久矣。

第三章　理想论

第一节　总　论

权然后知轻重,度然后知长短,凡两相比较者,皆不可无标准。今欲即人之行为,而比较其善恶,将以何者为标准乎?曰:至善而已;理想而已;人生之鹄而已。三者其名虽异,而核之于伦理学,则其义实同。何则?实现理想,而进化不已,即所以近于至善,而以达人生之鹄也。

持理想之标准,而判断行为之善恶者,谁乎?良心也。行为犹两造,理想犹法律,而良心则司法官也。司法官标准法律,而判断两造①之是非,良心亦标准理想,而判断行为之善恶也。

夫行为有内在之因,动机是也;又有外在之果,动作是也。今即行为而判断之者,将论其因乎?抑论其果乎?此为古今伦理学者之所聚讼。而吾人所见,则已于良心论中言之,盖行为之果,或非人所能预料,而动机则又止于人之欲望之所注,其所以达其欲望者,犹未具也。故两者均不能专为判断之对象,唯兼取动机及其预料之果,乃得而判断之,是之谓志向。

吾人既以理想为判断之标准,则理想者何谓乎?曰:窥现在之缺陷而求将来之进步,冀由是而驯至于至善之理想是也。

---

① 两造:旧时指诉讼的双方。

故其理想，不特人各不同，即同一人也，亦复循时而异，如野人之理想，在足其衣食；而识者之理想，在餍于道义，此因人而异者也。吾前日之所是，及今日而非之；吾今日之所是，及他日而又非之，此一人之因时而异者也。

理想者，人之希望，虽在其意识中，而未能实现之于实在，且恒与实在者相反，及此理想之实现，而他理想又从而据之，故人之境遇日进步，而理想亦随而益进。理想与实在，永无完全符合之时，如人之夜行，欲踏己影而终不能也。

唯理想与实在不同，而又为吾人必欲实现之境，故吾人有生生不息之象。使人而无理想乎，夙兴夜寐，出作入息，如机械然，有何生趣？是故人无贤愚，未有不具理想者。唯理想之高下，与人生品行，关系至巨。其下者，囿于至浅之乐天主义，奔走功利，老死而不变；或所见稍高，而欲以简之作用达之，及其不果，遂意气沮丧，流于厌世主义，且有因而自杀者，是皆意力薄弱之故也。吾人不可无高尚之理想，而又当以坚忍之力向之，日新又新，务实现之而后已，斯则对于理想之责任也。

理想之关系，如是其重也，吾人将以何者为其内容乎？此为伦理学中至大之问题，而古来学说之所以多歧者也。今将述各家学说之概略，而后以吾人之意见抉定之。

第二节　快乐说

自昔言人生之鹄者，其学说虽各不同，而可大别为三：快乐说，克己说，实现说，是也。

以快乐为人生之鹄者，亦有同异。以快乐之种类言，或主身体之快乐，或主精神之快乐，或兼二者而言之。以享此快乐者言，或主独乐，或主公乐。主公乐者，又有舍己徇人及人己同乐之别。

以身体之快乐为鹄者，其悖谬盖不待言。彼夫无行之徒，所以丧产业，损誉，或并其性命而不顾者，夫岂非殉于身体之快乐故耶？且身体之快乐，人所同喜，不待教而后知，亦何必揭为主义以张之？徒足以助纵欲败度者之焰，而诱之于陷阱耳。血气方壮之人，幸毋为所惑焉。

独乐之说，知有己而不知有人，苟吾人不能离社会而独存，则其说决不足以为道德之准的，而舍己徇人之说，亦复不近人情，二者皆可以舍而不论也。

人我同乐之说，亦谓之功利主义，以最多数之人，得最大之快乐，为其鹄者也。彼以为人之行事，虽各不相同，而皆所以求快乐，即为蓄财产养名誉者，时或耐艰苦而不辞，要亦以财产名誉，足为快乐之预备，故不得不舍目前之小快乐，以预备他日之大快乐耳。而要其趋于快乐则一也，故人不可不以最多数人得最大快乐为理想。

夫快乐之不可以排斥，固不待言。且精神之快乐，清白高尚，尤足以鼓励人生，而慰藉之于无聊之时。其裨益于人，良非浅鲜。唯是人生必以最多数之人，享最大之快乐为鹄者，何为而然欤？如仅曰社会之趋势如是而已，则尚未足以为伦理学之义证。且快乐者，意识之情状，其浅深长短，每随人而不同，我之所乐，人或否之；人之所乐，亦未必为我所赞成。所谓最多数人之最大快乐者，何由而定之欤？持功利主义者，至此而穷矣。

盖快乐之高尚者，多由于道德理想之实现，故快乐者，实行道德之效果，而非快乐即道德也。持快乐说者，据意识之状况，而揭以为道德之主义，故其说有不可通者。

第三节　克己说

反对快乐说而以抑制情欲为主义者，克己说也。克己说中，又有遏欲与节欲之别。遏欲之说，谓人性本善，而情欲淆之，乃陷而为恶。故欲者，善之敌也。遏欲者，可以去恶而就善也。节欲之说，谓人不能无欲，徇欲而忘返，乃始有放僻邪侈之行，故人必有所以节制其欲者而后可，理性是也。

又有为良心说者，曰：人之行为，不必别立标准，比较而拟议之，宜以简直之法，质之于良心。良心所是者行之，否者斥之，是亦不外乎使情欲受制于良心，亦节欲说之流也。

遏欲之说，悖乎人情，殆不可行。而节欲之说，亦尚有偏重理性而疾视感情之弊。且克己诸说，虽皆以理性为中坚，而于理性之内容，不甚研求，相竞于避乐就苦之作用，而能事既毕，是仅有消极之道德，而无积极之道德也。东方诸国，自昔偏重其说，因以妨私人之发展，而阻国运之伸张者，其弊颇多。其不足以为完全之学说，盖可知矣。

第四节　实现说

快乐说者，以达其情为鹄者也；克己说者，以达其智为鹄者也。人之性，既包智、情、意而有之，乃舍其二而取其一，揭以为人生之鹄，不亦偏乎？必也举智、情、意三者而悉达之，尽现其本性之能力于实在，而完成之，如是者，始可以为人生之鹄，此则实现说之宗旨，而吾人所许为纯粹之道德主义者也。

人性何由而完成？曰：在发展人格。发展人格者，举智、情、意而统一之光明之之谓也。盖吾人既非木石，又非禽兽，则自有所以为人之品格，是谓人格。发展人格，不外乎改良其品格而已。

人格之价值，即所以为人之价值也。世界一切有价值之物，无足以拟之者，故为无对待之价值，虽以数人之人格言之，未尝不可为同异高下之比较；而自一人言，则人格之价值，不可得而数量也。

人格之可贵如此，故抱发展人格之鹄者，当不以富贵而淫，不以贫贱而移，不以威武而屈。死生亦大矣，而自昔若颜真卿、文天祥辈，以身殉国，曾不踌躇，所以保全其人格也。人格既堕，则生亦胡颜；人格无亏，则死而不朽。孔子曰："朝闻道，夕死可矣。"良有以也。

自昔有天道福善祸淫之说，世人以跖蹻①之属，穷凶而考终；夷齐②之伦，求仁而饿死，则辄谓天道之无知，是盖见其一而不见其二者。人生数十寒暑耳，其间穷通得失，转瞬而逝；而盖棺论定，或流芳百世，或遗臭万年，人格之价值，固历历不爽也。

人格者，由人之努力而进步，本无止境，而其寿命，亦无限量焉。向使孔子当时为桓魋所杀，孔子之人格，终为百世师。苏格拉底虽仰毒而死，然其人格，至今不灭。人格之寿命，何关于生前之境遇哉。

发展人格之法，随其人所处之时地而异，不必苟同，其致力之所，即在本务，如前数卷所举，对于自己、若家族、若社会、若国家之本务皆是也。而其间所尤当致意者，为人与社会

---

① 跖蹻：古代传说中的两个大盗。
② 夷齐：伯夷和叔齐的并称。商代末年一个诸侯国国君孤竹君的两个儿子。周朝取代商朝后，这两个人"义不食周粟"，跑到首阳山采摘薇叶为食，后活活饿死。为古代愚忠愚孝的代表人物。

之关系。盖社会者,人类集合之有机体。故一人不能离社会而独存,而人格之发展,必与社会之发展相应。不明乎此,则有以独善其身为鹄,而不措意于社会者。岂知人格者,谓吾人在社会中之品格,外乎社会,又何所谓人格耶?

第四章　本务论

第一节　本务之性质及缘起

本务者，人生本分之所当尽者也，其中有不可为及不可不为之两义，如孝友忠信，不可不为者也；窃盗欺诈，不可为者也。是皆人之本分所当尽者，故谓之本务。既知本务，则必有好恶之感情随之，而以本务之尽否为苦乐之判也。

人生之鹄，在发展其人格，以底于大成。其鹄虽同，而所以发展之者，不能不随时地而异其方法。故所谓当为、不当为之事，不特数人之间，彼此不能强同，即以一人言之，前后亦有差别，如学生之本务，与教习之本务异；官吏之本务，与人民之本务异。均是忠也，军人之忠，与商贾之忠异，是也。

人之有当为不当为之感情，即所谓本务之观念也。是何由而起乎？曰自良心。良心者，道德之源泉，如第二章所言是也。

良心者，非无端而以某事为可为某事为不可为也，实核之于理想，其感为可为者，必其合于理想者也；其感为不可为者，必背于理想者也。故本务之观念，起于良心，而本务之节目，实准诸理想。理想者，所以赴人生之鹄者也。然则谓本务之缘起，在人生之鹄可也。

本务者，无时可懈者也。法律所定之义务，人之负责任于他人若社会者，得以他人若社会之意见而解免之。道德之本务，则与吾身为形影之比附，无自而解免之也。

然本务亦非责人以力之所不及者，按其地位及境遇，尽力以为善斯可矣。然则人者，既不能为本务以上之善行，亦即不当于本务以下之行为，而自谓已足也。

人之尽本务也，其始若难，勉之既久，而成为习惯，则渐造自然矣。或以为本务者，必寓有强制之义，从容中道者，不可以为本务，是不知本务之义之言也。盖人之本务，本非由外界之驱迫，不得已而为之，乃其本分所当然耳。彼安而行之者，正足以见德性之成立，较之勉强而行者，大有进境焉。

法律家之恒言曰：有权利必有义务；有义务必有权利。然则道德之本务，亦有所谓权利乎？曰有之。但与法律所定之权利，颇异其性质。盖权利之属，本乎法律者，为其人所享之利益，得以法律保护之，其属于道德者，则唯见其反抗之力，即不尽本务之时，受良心之呵责是也。

第二节　本务之区别

人之本务，随时地而不同，既如前说。则列举何等之人，而条别其本务，将不胜其烦，而溢于理论伦理学之范围。至因其性质之大别，而辜较论之，则又前数卷所具陈也，今不赘焉。

今所欲论者，乃在本务缓急之别。盖既为本务，自皆为人所不可不尽，然其间自不能无大小轻重之差。人之行本务也，急其大者重者，而缓其小者轻者，所不待言，唯人事蕃变，错综无穷，置身其间者，不能无歧路亡羊之惧，如石奢追罪人，而不知杀人者乃其父；王陵为汉御楚，而楚军乃以其母劫之，其间顾此失彼，为人所不能不惶惑者，是为本务之矛盾，断之昔宜审当时之情形而定之。盖常有轻小之本务，因时地而转为重大；亦有重大之本务，因时地而变为轻小者，不可以胶柱而鼓瑟也。

第三节　本务之责任

人既有本务，则即有实行本务之责任，苟可以不实行，则亦何所谓本务。是故本务观念中，本含有责任之义焉；唯是责任之关于本务者，不特在未行之先，而又负之于既行以后，譬如同宿之友，一旦罹疾，尽心调护，我之本务，有实行之责任者也。实行以后，调护之得当与否，我亦不得不任其责。是故责任有二义。而今之所论，则专属于事后之责任焉。

夫人之实行本务也，其于善否之间，所当任其责者何在？曰在其志向。志向者，兼动机及其预料之果而言之也。动机善矣，其结果之善否，苟为其人之所能预料，则亦不能不任其责也。

人之行事，何由而必任其责乎？曰：由于意志自由。凡行事之始，或甲或乙，悉任其意志之自择，而别无障碍之者也。夫吾之意志，既选定此事，以为可行而行之，则其责不属于吾而谁属乎？

自然现象，无不受范于因果之规则，人之行为亦然。然当其未行之行，行甲乎，行乙乎？一任意志之自由，而初非因果之规则所能约束，是即责任之所由生，而道德法之所以与自然法不同者也。

本务之观念，起于良心，既于第一节言之。而责任之与良心，关系亦密。凡良心作用未发达者，虽在意志自由之限，而其对于行为之责任，亦较常人为宽，如儿童及蛮人是也。

责任之所由生，非限于实行本务之时，则其与本务关系较疏。然其本原，则亦在良心作用，故附论于本务之后焉。

第五章 德 论

第一节 德之本质

凡实行本务者,其始多出于勉强,勉之既久,则习与性成。安而行之,自能欣合于本务,是之谓德。

是故德者,非必为人生固有之品性,大率以实行本务之功,涵养而成者也。顾此等品性,于精神作用三者将何属乎?或以为专属于智,或以为专属于情,或以为专属于意。然德者,良心作用之成绩。良心作用,既赅①智、情、意三者而有之,则以德之原质,为有其一而遗其二者,谬矣。

人之成德也,必先有识别善恶之力,是智之作用也。既识别之矣,而无所好恶于其间,则必无实行之期,是情之作用,又不可少也。既识别其为善而笃好之矣,而或犹豫畏葸,不敢决行,则德又无自而成,则意之作用,又大有造于德者也。故智、情、意三者,无一而可偏废也。

---

① 赅:兼,包括。

第二节 德之种类

德之种类，在昔学者之所揭，互有异同，如孔子说以智、仁、勇三者，孟子说以仁、义、礼、智四者，董仲舒说以仁、义、礼、智、信五者；希腊拍拉图说以智、勇、敬、义四者，雅里士多德说以仁、智二者，果以何者为定论乎？

吾侪之意见，当以内外两方面别类之。自其作用之本于内者而言，则孔子所举智、仁、勇三德，即智、情、意三作用之成绩，其说最为圆融。自其行为之形于外者而言，则当为自修之德。对于家族之德，对于社会之德，对于国家之德，对于人类之德。凡人生本务之大纲，即德行之最目焉。

第三节 修 德

修德之道，先养良心。良心虽人所同具，而汨①于恶习，则其力不充，然苟非梏亡殆尽。良心常有发现之时，如行善而惬，行恶而愧是也。乘其发现而扩充之，涵养之，则可为修德之基矣。

涵养良心之道，莫如为善。无问巨细，见善必为，日积月累，而思想云为，与善相习，则良心之作用昌矣。世或有以小善为无益而弗为者，不知善之大小，本无定限，即此弗为小善之见，已足误一切行善之机会而有余，他日即有莫大之善，亦将贸然而不之见。有志行善者，不可不以此为戒也。

既知为善，尤不可无去恶之勇。盖善恶不并立，去恶不尽，

---

① 汨：埋没。

而欲滋其善，至难也。当世弱志薄行之徒，非不知正义为何物，而逡巡犹豫，不能决行者，皆由无去恶之勇，而恶习足以掣其肘也。是以去恶又为行善之本。

人即日以去恶行善为志，然尚不能无过，则改过为要焉。盖过而不改，则至再至三，其后遂成为性癖，故必慎之于始。外物之足以诱惑我者，避之若浼①，一有过失，则翻然悔改，如去垢衣。勿以过去之不善，而遂误其余生也。恶人洗心，可以为善人；善人不改过，则终为恶人。悔悟者，去恶迁善之一转机，而使人由于理义之途径也。良心之光，为过失所壅蔽者，到此而复焕发。缉之则日进于高明，炀之则顿沉于黑暗。微乎危乎，悔悟之机，其慎勿纵之乎。

人各有所长，即亦各有所短，或富于智虑，而失之怯懦；或勇于进取，而不善节制。盖人心之不同，如其面焉。是以人之进德也，宜各审其资禀，量其境遇，详察过去之历史，现在之事实，与夫未来之趋向，以与其理想相准，而自省之。勉其所短，节其所长，以求达于中；和之境，否则从其所好，无所顾虑，即使贤智之过，迥非愚不肖者所能及，然伸于此者诎于彼，终不免为道德界之畸人矣。曾子有言，吾日三省吾身。以彼大贤，犹不敢自纵如此，况其他乎？

然而自知之难，贤哲其犹病诸。徒恃返观内省，尚不免于失真；必接种种人物，涉种种事变，而屡省验之；又复质询师友，博览史籍，以补其不足。则于锻炼德性之功，庶乎可矣。

---

① 浼：污染。

第六章　结　论

　　道德有积极、消极二者：消极之道德，无论何人，不可不守。在往昔人权未昌之世，持之最严。而自今日言之，则仅此而已，尚未足以尽修德之量。盖其人苟能屏出一切邪念，志气清明，品性高尚，外不愧人，内不自疚，其为君子，固无可疑，然尚囿于独善之范围，而未可以为完人也。

　　人类自消极之道德以外，又不可无积极之道德，既涵养其品性，则又不可不发展其人格也。人格之发展，在洞悉夫一身与世界种种之关系，而开拓其能力，以增进社会之利福。正鹄既定，奋进而不已，每发展一度，则其精进之力，必倍于前日。纵观立功成事之人，其进步之速率，无不与其所成立之事功而增进，固随在可证者。此实人格之本性，而积极之道德所赖以发达者也。

　　然而人格之发展，必有种子，此种子非得消极道德之涵养，不能长成，而非经积极道德必以积极之扩张，则不能蕃盛。故修德者，当自消极之道德济之德始，而又必以积极之道德济之。消极之道德，与积极之道德，譬犹车之有两轮，鸟之有两翼焉，必不可以偏废也。

三、国民修养散论

美育与人生

人的一生，不外乎意志的活动，而意志是盲目的，其所恃以为较近之观照①者，是知识；所以供远照、旁照之用者，是感情。

意志之表现为行为。行为之中，以一己的卫生而免死，趋利而避害者为最普通；此种行为，仅仅普通的知识，就可以指导了。进一步的，以众人的生及众人的利为目的，而一己的生与利即托于其中。此种行为，一方面由于知识上的计较，知道众人皆死而一己不能独生；众人皆害而一己不能独利。又一方面，则亦受感情的推动，不忍独生以坐视众人的死，不忍专利以坐视众人的害。更进一步，于必要时，愿舍一己的生以救众人的死；愿舍一己的利以去众人的害，把人我的分别，一己生死利害的关系，统统忘掉了。这种伟大而高尚的行为，是完全发动于感情的。

人人都有感情，而并非都有伟大而高尚的行为，这由于感情推动力的薄弱。要转弱而为强，转薄而为厚，有待于陶养。陶养的工具，为美的对象，陶养的作用，叫作美育。

美的对象，何以能陶养感情？因为他有两种特性：一是普遍；二是超脱。

---

① 观照：亦称"静观"，美学概念之一。意即孤立静止地、不带任何利害观念和欲望去直观对象。

一瓢之水，一人饮了，他人就没得分润；容足之地，一人占了，他人就没得并立；这种物质上不相入的成例，是助长人我的区别、自私自利的计较的。转而观美的对象，就大不相同。凡味觉、嗅觉、肤觉之含有质的关系①者，均不以美论；而美感的发动，乃以摄影及音波辗转传达之视觉与听觉为限。所以纯然有"天下为公"之概；名山大川，人人得而游览；夕阳明月，人人得而赏玩；公园的造像，美术馆的图画，人人得而畅观。齐宣王称"独乐乐不若与人乐乐"；"与少乐乐不若与众乐乐"；陶渊明称"奇文共欣赏"。这都是美的普遍性的证明。

　　植物的花，不过为果实的准备；而梅、杏、桃、李之属，诗人所咏叹的，以花为多。专供赏玩之花，且有因人择的作用，而不能结果的。动物的毛羽，所以御寒，人固有制裘、织呢的习惯；然白鹭之羽，孔雀之尾，乃专以供装饰。宫室可以避风雨就好了，何以要雕刻与彩画？器具可以应用就好了，何以要图案？语言可以达意就好了，何以要特制音调的诗歌？可以证明美的作用，是超越乎利用的范围的。

　　既有普遍性以打破人我的成见，又有超脱性以透出利害的关系；所以当着重要关头，有"富贵不能淫，贫贱不能移，威武不能屈"的气概；甚且有"杀身以成仁"而不"求生以害仁"的勇敢；这种是完全不由知识的计较，而由于感情的陶养，就是不源于智育，而源于美育。

　　所以吾人固不可不有一种普通职业，以应利用厚生②的需要；而于工作的余暇，又不可不读文学，听音乐，参观美术馆，以谋知识与感情的调和，这样，才算是认识人生的价值了。

---

　　① 质的关系：实际关系、实质关系或利害关系。
　　② 厚生：使人民生活丰足。源出《尚书·大禹谟》："正德、利用、厚生、惟和。"

怎样才配做一个现代学生

一般似乎很可爱的青年男女，住着男女同学的学校，就可以算作现代学生么？或者能读点外国文的书，说几句外国语；或者能够"信口开河"的谈什么……什么主义和什么什么……文学，也配称作现代学生么？我看，这些都是表面的或次要的问题。我以为至少要具备下列三个条件，才配称作现代学生。

（一）狮子样的体力

我国自来把读书的人叫作文人，本是因为他们所习的为文事的缘故，不料积久这"文人"两个字和"文弱的人"四个字竟发生了连带的关系。古时文士于礼、乐、书、数之外，尚须学习射、御，未尝不寓武于文。不料到后来，被一般野心帝王专以文字章句愚弄天下儒生，鄙弃武事，把知识阶级的体力继续不断的摧残下去；流毒至今，一般读书人所应有的健康，大都被毁剥了。羸弱父母，哪能生产康强的儿女！先天上既虞不足，而学校教育，又未能十分注意体格的训练，后天上也就大有缺陷。所以现时我国的男女青年的体格，虽略较二十年前的书生稍有进步，但比起东、西洋学生壮健活泼、生机勃茂的样子来，相差真不可以道里计。新近有一位留学西洋多年而回国不久的朋友对我说：他刚从外洋回到上海的时候，在马路上走，简直不敢抬头,因为看见一般孱弱已极、毫无生气的中国男女,不禁发生恐惧和惭愧的感觉。这位朋友的话,并不是随便邪说。任何人刚从外国返到中国国境,怕都不免有同样的印象。这虽是就普通的中国人观察,但是学校里的学生也好不了许多。先有健全的身体,然后有健全的思想和事业,这句话无论何人都是承认的,所以学生体力的增进,实在是今日办教育的生死关键。

现今欲求增进中国学生的体力,唯有提倡运动一法。中国废科举、办学校,虽已历时二十余年之久,对于体育一项的设备,太不注意。甚至一个学校连操场、球场都没有,至于健身房、游泳池等等关于体育上的设备,更说不上了。运动机会既因无"用武地"而减少,所以往往有聪慧勤学的学生,只因体力衰弱的缘故,纵使不患肺病、神经衰弱病及其他痼症而青年夭折,也要受精力不强、活动力减少的影响,不能出其所学贡献于社会,前途希望和幸福就从此断送,这是何等可悲痛的事!

今日的学生,便是明日的社会中坚,国家柱石,这样病夫式或准病夫式的学生,焉能担得起异日社会国家的重责!又焉能与外国赳赳武夫的学生争长比短!就拿本年日本举行的第九届远东运动会而论,我国运动员的成绩比起日本来,几于处处落人之后。较可取巧的足球,日本学生已成我劲敌。至于最费体力的田径赛,则完全没有我国学生的地位,这又是何等可羞耻的事!

体力的增进,并非一蹴而企①。试观东、西洋学生,自小学以至大学,无一日不在锻炼陶冶之中。所以他们的青年,无不嗜好运动,兴趣盎然。一闻赛球,群起而趋。这种习惯的养

---

① 一蹴而企:即一蹴而就。蹴,踢。企,企及,希望达到或赶上。

成,良非易事。而健全国民的基础,乃以确立。这种情形,在初入其国的,尝误认为一种狂癖;观察稍久,方知其影响国本之大。这是我们所应憬然①猛省的。

外人以我国度庞大而不自振作,特赠以"睡狮"的怪号。青年们!醒来吧!赶快回复你的"狮子样的体力"!好与世界健儿,一较好身手;并且以健全的体力,去运用思想,创造事业!

(二)猴子样的敏捷

"敏捷"的意思,简单说起来就是"快"。在这二十世纪的时代做人,总得要做个"快人"才行。譬如赛跑或游泳一样,快的居前,不快的便要落后,这是无可避免的结果。我们中国的文化,在二千年前,便已发展到与现今的中国文化程度距离不远。那时欧洲大陆还是蛮人横行的时代。至美洲尚草莽未辟,更不用说。然而今日又怎样呢?欧洲文化的灿烂,吾人既已瞠乎其后②,而美洲则更发展迅速。美利坚合众国立国至今不过一百五十四年,其政治、经济的一切发展,竟有"后来居上"之势。这又是什么缘故呢?这固然是美国的环境好,适于建设。而美国人的举动敏捷,也是他们成功迅速一个最大的原因。吾人试游于美国的都市,汽车、街车等等的风驰电掣不算,就是在大街两旁道上走路的人,也都是迈往直前,绝少左顾右盼、姗姗行迟,像中国人所常有的样子,再到他们的工厂或办事房中去参观,他们也是快手快脚的各忙各的事体。至于学校里的学生,无论在讲堂上、操场上、图书馆里、实验室里,一切行

---

① 憬然:觉悟。
② 瞠乎其后:在后面干瞪眼,赶不上。瞠,瞪着眼睛看。

动态度，总是敏捷异常，活泼得很；所以他们能够在一个短时期内，学得多，做得多。将来的成就也自然的多起来了。掉转头来看看我国的情形，一般人的行动颟顸①迟缓，姑置勿论；就是学校里的学生，读书做事，也大半是一些不灵敏。所以在初中毕业的学生，国文不能畅所欲言；在大学里毕业的学生，未必能看外国文的书籍。这不是由于他们的脑筋迟钝，实在是由于习惯成自然。所以出了学校以后，做起事来，仍旧不能紧张，"从容不迫"的做下去。西洋人可以一天做完的事，中国人非两天或三天不能做完。在效率上相差得这样多，所成就的事体，自然也就不可同日而语了。

  关于这种迟缓的不敏捷的行动，我说是一种习惯，而且这种习惯是由于青年时代养成的，并不是没有什么事实上的根据。我们可以用华侨子弟和留学生来做证明：在欧美生长的中国小孩，行动的敏捷，固足与外国小孩相颉颃②；而一般留学生，初到外国的时候，总感觉得处处落人之后，走路没有人家快，做事没有人家快，读书没有人家快，在课堂上抄笔记也没有人家写得快、记得多，苦不堪言；但在这样环境中吃得苦头太多了以后，自然而然的一切行动也就渐渐的会变快了。所以留学生回国后一切行动，总比普通一般人要敏捷些。等待他们在百事迟钝的中国环境里住的时间稍为长久一点，他们的迟缓的老脾气，或者也会重新发作的。就拿与人约会或赴宴会做例子，在欧美住过几年的人，初回国的时候，大都是很肯遵守时间，按时而到；后来觉得自己到了，他人迟到，也是于事无益，呆坐着等人，还自白糟蹋了宝贵的时间，不如还是从俗罢。但是

---

① 颟顸：指糊涂而马虎。
② 颉颃：本指鸟飞上飞下的样子，此处比喻不相上下，互相抗衡。

这种习惯的误事和不便,是人人所引为遗憾的。尤其是我们的青年人,应当积极纠正的。

青年们呀!现在已经是二十世纪的新时代了!这个时代的特征就是"快"。你看布满了各国大陆的铁道,浮遍了各国海洋的船舰,肉眼可看见的有线电的电线,不可见的无线电的电浪,可以横渡大西洋而远征南北极的飞机,城市地面上驰骋着的街车与汽车,地面下隧道中通行的火车与电车,以及工厂、农场、公事房、家庭中所有的一切机器,哪一件不是为要想达到"快"的目的而设的。况且凡百科学,无不日新月异的在那里增加发明。我们纵不能自己发明,也得要迎头赶上去、学上去,这都是非快不为功的。

据进化论的昭示,我们人类由猿猴进化而来。却是人类在这比较安舒的环境中,行动渐次变了迟钝,反较猴子略逊一筹,而中国人的颟顸程度更特别的高。以开化最早的资格,现反远居人后,这是多么惭愧的事!现在我们的青年,如要想对于求学、做事两方面,力振颓风,则非学"猴子样的敏捷",急起直追不可!

(三)骆驼样的精神

在中国四万万同胞中,各人所负责任的重大,恐怕要算青年学生首屈一指了!就中国现时所处的可怜地位和可悲的命运而论,我们几乎可以说:凡是可摆脱这种地位、挽回这种命运的事情和责任,直接或间接都是要落在学生们的双肩上。

第一是对于学术上的责任:做学生的第一件事就要读书。读书从浅近方面说,是要增加个人的知识和能力,预备在社会上做一个有用的人材;从远大的方面说,是要精研学理,对于社会国家和人类做最有价值的贡献。这种责任是何等的重大！读者要知道一个民族或国家要在世界上立得住脚——而且要光荣的立住——是要以学术为基础的。尤其是，在这竞争剧烈的二十世纪，更要倚靠学术。所以学术昌明的国家，没有不强盛的；反之，学术幼稚和知识蒙昧的民族，没有不贫弱的。德意志便是一个好例证：德人在欧战时力抗群强，能力固已可惊；大败以后，曾不十年而又重列于第一等国之林，这岂不是由于他们的科学程度特别优越而建设力强所致么？我们中国人在世界上原来很有贡献的——如发明指南针、印刷术、火药之类——所以现时国力虽不充足，而仍为谈世界文化者所重视。不过经过两千年专制的锢蔽，学术遂致落伍。试问在现代的学术界，我们中国人对于人类幸福有贡献的究竟有几个人呢？无怪人家渐渐的看不起我们了。我们以后要想雪去被人轻视的耻辱，恢复我们固有的光荣，只有从学术方面努力，提高我们的科学知识，更进一步对世界做一种新的贡献，这些都是不能不首先属望于一般青年学生的。

　　第二是对于国家的责任：中国今日，外则强邻四逼，已沦于次殖民地的地位；内则政治紊乱，民穷财匮，国家的前途实在太危险了。今后想摆脱列强的羁绊，则非急图取消不平等条约不可。想把国民经济现状改良，使一般国民能享独立、自由、富厚的生活，则非使国内政治能上轨道不可。昔范仲淹为秀才时，便以天下为己任，果然有志竟成。现在的学生们，又安可不以国家为己任咧！

　　第三是对于社会的责任：先有好政治而后有好社会，抑先有好社会而后有好政治？这个问题用不着什么争论的，其实二者是相互影响的，所以学生对于社会也是负有对于政治同等的责任。我们中国的社会，是一个很老的社会，一切组织形式及风俗习惯，大都陈旧不堪，违反现代精神而应当改良。这也是要希望学生们努力实行的。因为一般年纪大一点的旧人物，有时纵然看得出，想得到，而以濡染太久的缘故，很少能彻底改革的。所以关于改良未来的社会一层，青年所负的责任也是很大的。

以上所说的各种责任都放在学生们的身上，未免太重一些。不过生在这时的中国学生，是无法避免这些责任的。若不学着"骆驼样的精神"来"任重道远"，又有什么办法呢？

除开上述三种基本条件而外，再加以"崇好美术的素养"和"自爱"、"爱人"的美德，便配称作现代学生而无愧了。

义务与权利[1]

贵校成立，于兹十载毕业生之服务于社会者，甚有声誉。鄙人甚所钦佩。今日承方校长属以演讲。鄙人以诸君在此受教，是诸君之权利，而毕业以后即当任若干年教员，即诸君之义务，故愿为诸君说义务与权利之关系。

权利者，为所有权自卫权等，凡有利于己者，皆届之。义务则凡尽吾力而有益于社会者皆属之。

普通之见，每以两者为互相对待，以为既尽某种义务，则可以要求某种权利，既享某种权利，则不可不尽某种义务。如买卖然，货物与金钱，其值相当是也。然社会上每有例外之状况，两者或不能兼得，则势必偏重其一。如杨朱为我，不肯拔一毛以利天下；德国之斯梯纳（Stirner）及尼采（Nietzsche）等，主张唯我独尊，而以利他主义为奴隶之道德。此偏重权利之说也。墨子之道，节用而兼爱；孟子曰，生与义不可得兼，舍生而取义。此偏重义务之说也。今欲比较两者之轻重，以三者为衡。

（一）以意识之程度衡之。下等动物，求食物，卫生命，权利之意识已具；而互助之行为，则于较为高等之动物始见之。昆虫之中，蜂蚁最为进化。其中雄者能传种而不能作工。传种

---

[1] 本篇为蔡元培在北京女子师范学校的演说词。

既毕，则工蜂、工蚁刺杀之，以其义务无可再尽，即不认其有何等权利也。人之初生即知吮乳，稍长则饥而求食，寒而求衣，权利之意识具，而义务之意识未萌。及其长也，始知有对于权利之义务。且进而有公而忘私，国而忘家之意识。是权利之意识，较为幼稚，而义务之意识，较为高尚也。

（二）以范围之广狭衡之。无论何种权利，享受者以一身为限；至于义务，则如振兴实业推行教育之类，享其利益者，其人数可以无限。是权利之范围狭而义务之范围广也。

（三）以时效之久暂衡之。无论何种权利，享受者以一生为限。即如名誉，虽未尝不可认为权利之一种，而其人既死，则名誉虽存而所含个人权利之性质，不得不随之而消灭。至于义务，如禹之治水，雷绥佛（Lesseps）之凿苏伊士河，汽机电机之发明，文学家美术家之著作，则其人虽死而效力常存。是权利之时效短而义务之时效长也。

由是观之，权利轻而义务重。且人类实为义务而生存。例如人有子女，即生命之派分，似即生命权之一部。然除孝养父母之旧法而外，曾何权利之可言？至于今日，父母已无责备子女以孝养之权利，而饮食之教诲之，乃为父母不可逃之义务。且列子称愚公之移山也曰："虽我之死，有子存焉。子又生孙，孙又生子，子子孙孙，无穷匮也，而山不加增，何苦而不平？"虽为寓言，实含至理。盖人之所以有子孙者，为夫生年有尽，而义务无穷，不得不以子孙为延续生命之方法，而于权利无关。是即人之生存为义务而不为权利之证也。

唯人之生存，既为义务，则何以又有权利？曰，尽义务者在义务与权利有身，而所以保持此身使有以尽义务者，曰权利。如汽机然，非有燃料，则不能作工。权利者，人身之燃料也。故义务为主而权利为从。

义务为主，则以多为贵，故人不可以不勤。权利为从，则适可而止，故人不可以不俭。至于捐所有财产以助文化之发展，或冒生命之危险而探南北极试航空术，则皆可为善尽义务者。其他若厌世而自杀，实为放弃义务之行为，故伦理学家常非之。然若其人既自知无再尽义务之能力，而坐享权利或反以其特别之疾病若罪恶，贻害于社会，则以自由意志而决然自杀，亦有可谅者。

独身主义亦然，与谓为放弃权利，毋宁谓为放弃义务。然若有重大之义务，将竭毕生之精力以达之，而不愿为室家所累，又或自忖体魄在优种学上者不适于遗传之理由，而决然抱独身主义，亦有未可厚非者。

今欲进而言诸君之义务矣。闻诸君中颇有以毕业后必尽教员之义务为苦者。然此等义务，实为校章所定。诸君入校之初，既承认此校章矣。若于校中既享有种种之权利，而竟放弃其义务，如负债不偿然，于心安乎？毕业以后，固亦有因结婚之故而家务校务不能兼顾者。然胡彬夏女士不云乎："女子尽力社会之暇，能整理家事，斯为可贵。"是在善于调度而已。我国家庭之状况，烦琐已极，诚有使人应接不暇之苦。然使改良组织，日就简单，亦未尝不可分出时间，以服务于社会。又或约集同志，组织公育儿童之机关，使有终身从事教育之机会，亦无不可。在诸君勉之而已。

科学之修养

鄙人前承贵校①德育部之召,曾来校演讲;今又蒙修养会见召,敢述修养与科学之关系。

查修养之目的,在使人平日有一种操练,俾临事不致措置失宜。盖吾人平日遇事,常有计较之余暇,故能反复审虑,权其利害是非之轻重而定取舍。然若至仓卒之间,事变横来,不容有审虑之余地,此时而欲使诱惑、困难不能戮②其操守,非凭修养有素不可,此修养之所以不可缓也。

修养之道,在平日必有种种信条;无论其为宗教的或社会的,要不外使服膺③者储蓄一种抵抗之力,遇事即可凭之以定抉择。如心所欲作而禁其不作,或心所不欲而强其必行,皆依于信条之力。此种信条,无论文明、野蛮民族均有之。然信条之起,乃由数千万年习惯所养成;及行之既久,必有不适之处,则怀疑之念渐兴,而信条之效力遂失。此犹就其天然者言也。乃若古圣先贤之格言嘉训,虽属人造,要亦不外由时代经验归纳所得之公律,不能不随时代之变迁而易其内容。吾人今日所见为嘉言懿行者,在日后或成故纸;欲求其能常系人之信仰,

---

① 贵校:本篇是蔡元培在北京高等师范学校修养会上的演说词。贵校即指该校。
② 戮:毁坏。
③ 服膺:衷心信服。膺,胸。

实不可能。由是观之，则吾人之于修养，不可不研究其方法。在昔吾国哲人，如孔、孟、老、庄之属，均曾致力于修养，而宋、明儒者尤专力于此。然学者提倡虽力，卒不能使天下之人尽变为良善之士，可知修养亦无一定之必可恃者也。至于吾人居今日而言修养，则尤不能如往古道家之蛰影深山，不闻世事。盖今日社会愈进，世务愈繁。已入社会者，固不能舍此而他从；即未入社会之学校青年，亦必从事于种种学问，为将来入世之准备。其责任之繁重如是，故往往易为外务所缚，无精神休假之余地，常易使人生观陷于悲观厌世之域，而不得志之人为尤甚。其故即在现今社会与从前不同。欲补救此弊，须使人之精神有张有弛。如作事之后，必继之以睡眠，而精神之疲劳，亦必使有机会得以修养。此种团体之结合，尤为可喜之事。但鄙人以为修养之致力，不必专限于集会之时，即在平时课业中亦可利用其修养。故特标此题曰："科学之修养"。

今即就贵会之修养法逐条说明，以证科学的修养法之可行。如贵会简章有"力行校训"一条。贵校校训为"诚勤勇爱"四字。此均可于科学中行之。如"诚"字之义，不但不欺人而已，亦必不可为他人所欺。盖受人之欺而不自知，转以此说复诏他人，其害与欺人者等也。是故吾人读古人之书，其中所言苟非亲身实验证明者，不可轻信；乃至极简单之事实，如一加二为三之数，亦必以实验证明之。夫实验之用最大者，莫如科学。譬如报纸纪事，臧否[①]不一，每使人茫无适从。科学则不然。真是真非，丝毫不能移易。盖一能实验，而一不能实验故也。由此观之，科学之价值即在实验。是故欲力行"诚"字，非用科学的方法不可。

---

① 臧否：褒贬，评论。

其次"勤"：凡实验之事，非一次所可了。盖吾人读古人之书而不慊于心，乃出之实验。然一次实验之结果，不能即断其必是，故必继之以再以三，使有数次实验之结果。如不误，则可以证古人之是否；如与古人之说相刺谬，则尤必详考其所以致误之因，而后可以下断案。凡此者反复推寻，不惮周详，可以养成勤劳之习惯。故"勤"之力行亦必依赖夫科学。

再次"勇"：勇敢之意义，固不仅限于为国捐躯、慷慨赴义之士，凡作一事，能排万难而达其目的者，皆可谓之勇。科学之事，困难最多。如古来科学家，往往因试验科学致丧其性命，如南北极及海底探险之类。又如新发明之学理，有与旧传之说不相容者，往往遭社会之迫害，如哥白尼、贾利来①之惨祸。可见研究学问，亦非有勇敢性质不可；而勇敢性质，即可于科学中养成之。大抵勇敢性有二：其一，发明新理之时，排去种种之困难阻碍；其二，既发明之后，敢于持论，不惧世俗之非笑。凡此二端，均由科学所养成。

再次"爱"：爱之范围有大小。在野蛮时代，仅知爱自己及与己最接近者，如家族之类。此外稍远者，辄生嫌忌之心。故食人之举，往往有焉。其后人智稍进，爱之范围渐扩，然犹不能举人我之见而悉除之。如今日欧洲大战，无论协约方面或德奥方面，均是己非人，互相仇视，欲求其爱之普及甚难。独至于学术方面则不然：一视同仁，无分畛域②；平日虽属敌国，及至论学之时，苟所言中理，无有不降心相从者。可知学术之域内，其爱最溥③。又人类嫉妒之心最盛，入主出奴，互为门

---

① 贾利来：今译作伽利略（1564—1642）。意大利物理学家、天文学家和哲学家，近代实验科学的先驱者。
② 畛域：界限。畛，田地里的小路。
③ 溥：广大，普遍。

户。然此亦仅限于文学耳；若科学，则均由实验及推理所得唯一真理，不容以私见变易一切。是故嫉妒之技无所施，而爱心容易养成焉。

以上所述，仅就力行校训一条引申其义。再阅简章，有静坐一项。此法本自道家传来。佛氏之坐禅，亦属此类。然历年既久，卒未普及社会；至今日日本之提倡此道者，纯以科学之理解释之。吾国如蒋竹庄①先生亦然，所以信从者多，不移时而遍于各地。此亦修养之有赖于科学者也。

又如不饮酒、不吸烟二项，亦非得科学之助力不易使人服行。盖烟酒之嗜好，本由人无正当之娱乐，不得已用之以为消遣之具，积久遂成痼疾。至今日科学发达，娱乐之具日多，自不事此无益之消遣。如科学之问题，往往使人兴味加增，故不感疲劳而烟酒自无用矣。

今日所述，仅感想所及，约略陈之。唯宜注意者，鄙人非谓学生于正课科学之外，不必有特别之修养，不过正课之中，亦不妨兼事修养，俾修养之功，随时随地均能用力，久久纯熟，则遇事自不致措置失宜矣。

---

① 蒋竹庄：(1873-1958)，著名教育家、中国佛教史学家。早年结识蔡元培，加入中国教育会。在蔡元培开办的爱国学社任教，后爱国学社被迫解散，他继续在爱国女校担任校长，并为商务印书馆编辑小学教科书和教授法。1912年南京成立临时政府，蔡元培任教育总长，聘他为秘书长。1925年被任命为东南大学校长，在任校长期间兼授诸子、佛学哲学、中国哲学史等课程。1927年定居上海，致力于《中国佛教史》的编撰工作。1937年出任正风文学院院长，后正风文学院更名为诚名文学院。日寇占领上海租界后，坚持工作，保持民族气节，拒绝与日寇合作。抗战胜利后，任光华大学教务长、文学院院长兼中文系主任。建国后苏南区委曾委任其为参事。后病逝于沪。主要著作还有《道教概况》《佛学纲要》《中国近三百年哲学史》等。

思想自由①

兄弟今日承姜先生之介绍,得与诸君相晤,谈话一堂,甚幸甚幸。唯兄弟虽蒙诸君之约,冀有所贡献,然以校事羁身,急待归去,且欲一听李先生之演说,故遂不得作长谈,仅择其精者简略言之,愿诸君一垂听焉。

讲题之采取,系属于感想而得。顷与全校诸君言道德之精神在于思想自由,即足为是题之引。(先生于三会联合演讲之先,复由全校欢迎大会,并丐先生演说,蒙先生首肯,乃以德、智、体三育为同学讲演,词已载入《校风》报。兹以不忍割爱,故复移录之于是篇后,以公同好焉。)

当兄弟未至贵校之先,每以贵校与约翰、清华、东吴诸大学相联想。今亲诣参观,略悉内情,始知大谬。盖贵校固一纯粹思想自由之学校。继以各会宗旨,谅大都一致无疑。乃闻之姜先生,复知各会宗旨各异,万象包罗,任人选择。若青年会属于宗教的,而敬业乐群会则以研究学术号召,励学会亦复以演说讲演为重。此外各专门学会亦各精一术,毫不相妨。此诚可为诸君庆,而兄弟遂亦感而言此矣。

人生在世,身体极不自由。以贵校体育论,跃高掷重,成

---

① 本篇为蔡元培1917年5月23日在天津南开学校敬业、励学、演说三会联合讲演会上的演说词。

绩昭然。(本岁远东运动会，本校同学以跃高、掷重列名，故先生言如此。)然而练习之始，其难殆百倍于成功之日。航空者置身太空，自由极矣，乃卒不能脱巨风之险。习语言者，精一忘百，即使能通数地或数国方言，然穷涉山川，终遇隔膜之所。是知法律之绳人，亦犹是也。然法律不自由中，仍有自由可寻。自由者何？即思想是也。但思想之自由，亦自有界说。彼倡天地新学说者，必以地圆为谬，而倡其地平日动之理。其思想诚属自由，然数百年所发明刊定不移之理，讵能一笔抹杀！且地圆之证据昭著，既不能悉以推翻，修取一二无足轻重之事，为地平证，则其学说不能成立宜也。又如行星之轨道，为有定所，精天文者，久已考明。乃幻想者流，必数执已定之理，屏为不足道，别刨①其新奇之论。究其实，卒与倡天地新学说者将同归失败。此种思想，可谓极不自由。盖真理既已公认不刊②，而驳之者犹复持闭关主义，则其立论终不得为世人赞同，必矣。

　　舍此类之外，有所谓最自由者，科学不能禁，五官不能干，物质不能范，人之寿命，长者百数十年，促者十数年，而此物之存在，则卒不因是而间断。近如德人之取尸炸油，毁人生之物质殆尽，然其人之能存此自由者，断不因是而毁灭。在昔有倡灵魂论，宗教家主之，究之仍属空洞。分思想于极简单，分皮毛于极细小，仍亦归之物质，而物质之作用，是否属之精神，尚不可知。但精神些微之差，其竟足误千里。故精神作用，现人尚不敢曰之为属于物质，或曰物质属之于精神。且精神、物质之作用，是否两者具备，相辅而行？或各自为用，毫不相属？均在不可知之数。如摄影一事，其存者果为精神？抑为物质、

---

　　① 刨：比喻探究、追究。
　　② 刊：修改。

精神两者均系之？或两者外别有作用？此实不敢武断。

论物质，有原子，原子分之又有电子。究竟原子、电子何属？吾人之思想试验，殊莫知其奥。论精神，其作用之最微者又何而属？吾人更不得知。而空中有所谓真空各个以太，实则其地位何若，态度何似，更属茫然。度量衡之短而小者，吾人可以意定，殆分之极细，长之极大，则其极不得而知。譬之时计，现为四句钟，然须臾四钟即逝，千古无再来之日，其竟又将如何耶？伍廷芳先生云，彼将活二百岁。二百岁以后何似？推而溯之原始，终不外原子、电子之论。考地质者，亦不得极端之证验。地球外之行星，或曰已有动物存在，其始生如何，亦未闻有发明者。

人生在世，钩心斗智，相争以学术，鞠躬尽瘁，死而后已，亦无非争此未勘破之自由。评善恶者，何者为善，何者为恶，禁作者为违法之事，而不作者亦非尽恶。以卫生论，卫生果能阻死境之不来欤？生死如何，民族衰亡如何，衰亡之早晚又如何，此均无确当之论。或曰终归之于上帝末日之裁判，此宗教言也。使上帝果人若，则空洞不可得见，以脑力思之，则上帝非人，而其至何时，其竟何似，均不可知，是宗教亦不足征信也。有主一元说者，主二元说者，又有主返原之论者，使人人倾向于原始之时。今之愿战，有以为可忧，有以为思想学术增进之导线。究之以上种种，均有对待可峙，无人敢信其为绝对的可信，亦无有令人绝对的可信之道也。

是故，吾人今日思想趋向之竟，不可回顾张皇，行必由径，反之失其正鹄。西人今日自杀之多，殆均误于是道。且至理之信，不必须同他人；己所见是，即可以之为是。然万不可诛[①]

[①] 诛：诅咒。

张为幻。此思想之自由也。凡物之评断力，均随其思想为定，无所谓绝对的。一己之学说，不得束缚他人；而他人之学说，亦不束缚一己。诚如是，则科学、社会学等等，将均任吾人自由讨论矣。

劳工神圣[1]

诸君！

此次世界大战争[2]，协商国竟得最后胜利，可以消灭种种黑暗的主义，发展种种光明的主义。我昨日曾经说过，可见此次战争的价值了。但是我们四万万同胞，直接加入的，除了在法国的十五万华工，还有什么人！这不算怪事。此后的世界，全是劳工的世界呵！

我说的劳工，不但是金工、木工等等。凡用自己的劳力做成有益他人的事业，不管他用的是体力，是智力，都是劳工。所以农是种植的工；商是转运的工；学校职员、著述家、发明家，是教育的工，我们都是劳工。我们要自己认识劳工的价值。劳工神圣！

我们不要羡慕那凭藉遗产的纨绔儿！不要羡慕那卖国营私的官吏！不要羡慕那克扣军饷的军官！不要羡慕那操纵票价的商人！不要羡慕那领干修的顾问咨议，不要羡慕那出售选举票的议员！他们虽然奢侈点，但是良心上不及我们的平安多了。我们要认识我们的价值。劳工神圣！

---

[1] 本篇为蔡元培1918年11月16日在北京天安门举行的庆祝协约国胜利大会上的演说词。

[2] 世界大战争：指发生于1914年8月至1918年11月的第一次世界大战。战争过程主要是同盟国（德国和奥匈帝国）和协约国（英国、法国、意大利、俄罗斯、塞尔维亚）之间的对战。

在育德学校演说之述意

鄙人耳育德学校之名，由来已久，今乘大学休假之际，得以躬莅斯地，与诸君子共语一堂，甚属快事。因贵校以育德为号，而校中又设有留法预科，乃使鄙人联想及于法人之道德观念。法自革命以后，有最显著、最普遍之三词，到处揭著，即自由、平等、友爱是也。夫是三者，是否能尽道德之全，固难遽定，然即证以中国意义，要亦不失为道德之重要纲领。

所谓自由，非放恣自便之谓，乃谓正路既定，矢志弗渝，不为外界势力所征服。孟子所称"富贵不能淫，贫贱不能移，威武不能屈"者，此也。准之吾华，当曰义。所谓平等，非均齐不相系属之谓，乃谓如分而与，易地皆然，不以片面方便害大公。孔子所称"己所不欲，勿施于人"者，此也。准之吾华，当曰恕。所谓友爱，义斯无歧，即孔子所谓"己欲立而立人，己欲达而达人"。张子所称"民胞物与者"，是也。准之吾华，当曰仁。仁也、恕也、义也，均即吾中国古先哲旧所旌表之人道信条，即徵西方之心同理同，亦当宗仰服膺者也。

是以鄙人言人事，则必以道德为根本；言道德，则又必以是三者为根本。盖人生心理，虽曰智、情、意三者平列，而语其量，则意最广，征其序则意又最先。此固近代学者所已定之断案。就一人之身而考三性发达之迟早，就矿植动三物之伦而考三性包含之多寡，与夫就吾人日常之识一物，立一义而考三性应用之疾徐，皆有其不可掩者。故近世心理学，皆以意志为人生之主体，唯意志之所以不能背道德面向道德，则有赖乎知识与感情之翼助。此科学、美术所以为陶铸道德之要具，而凡百学校皆据以为编制课程之标准也。自鄙人之见，亦得以三德证成之。二五之为十，虽帝王不能易其得数，重坠之趣下[①]，虽兵甲不能劫之反行，此科学之自由性也。利用普乎齐民，不以优于贵；立术超乎攻取，无所党私。此科学之平等性及友爱性也。若美术者，最贵自然，毋意毋必，则自由之至者矣。万象并包，不遗贫贱，则平等之至者矣。并世相师，不问籍域，又友爱之至者矣。故世之重道德者，无不有赖乎美术及科学，如车之有两轮，鸟之有两翼也。

今闻贵校学风，颇致力于勤、俭二字。勤则自身之本能大，无需于他；俭则生活之本位廉，无入不得，是含自由义。且勤者自了己事，不役人以为工；俭者自享己分，不夺人以为食，是含平等义。勤者输吾供以易天下之供，俭者省吾求以裕天下之求，实有烛于各尽所能、各取所需之真谛，而不忍有一不克致社会有一不获之夫，是含友爱义。诸君其慎毋以二字为庸为小。天下盖尽有几多之恶潮，其极也，足以倾覆邦命，荼毒生灵，而其发源，乃仅由于一二少数人自恣之心所鼓荡者。如往者筹安会之已事，设其领袖俱习于勤俭，肯为寻常生活，又何至有此。然则此二字者，造端虽微，而潜力则巨。鄙人对于贵校之学风，实极端赞成矣。唯祝贵校以后法文传习日广，能赴法留学者日多，俾中国之义、恕、仁与法国之自由、平等、友爱融化，而日进于光大。是非党法，法实有特宜于国人旅学之点：旅用廉也，风习新也，前驱众也，学说之纯正，不杂以君

---

① 趣下：急速下落。趣，同"促"。

制或宗教之匿瑕也，国民之浸淫①于自由、平等、友爱者久，而鲜侮外人也，皆其著也。

---

① 浸淫：浸润，濡湿。引申为浸染、濡染。

就任北京大学校长之演说①

五年前,严几道②先生为本校校长时,余方服务教育部,开学日曾有所贡献于同校。诸君多自预科毕业而来,想必闻知。士别三日,刮目相见,况时阅数载,诸君较昔当必为长足之进步矣。予今长斯校,请更以三事为诸君告。

一曰抱定宗旨。诸君来此求学,必有一定宗旨,欲求宗旨之正大与否,必先知大学之性质。今人肄业专门学校,学成任事,此固势所必然。而在大学则不然,大学者,研究高深学问者也。外人每指摘本校之腐败,以求学于此者,皆有做官发财思想,故毕业预科者,多入法科,入文科者甚少,入理科者尤少,盖以法科为干禄③之终南捷径④也。因做官心热,对于教员,则不问其学问之浅深,唯问其官阶之大小。官阶大者,特别欢迎,盖为将来毕业有人提携也。现在我国精于政法者,多入政界,专任教授者

---

① 1917年1月4日,蔡元培到北京大学开始执行校长职务。1月9日发表就职演说,提出办大学的三项基本方针,并以此为标准开始了改造旧北大、建设新北大的伟业。本篇即为他当时的演说词。

② 严几道:即严复(1854—1921),字几道。近代启蒙思想家、翻译家。1912年在蔡元培任教育总长时被任命为北京大学校长兼文科学长,不久便去职。

③ 干禄:追求职位俸禄。干,追求(职位、俸禄等)。

④ 终南捷径:指追求名利的最佳门路。也比喻达到目的的便捷途径。据《新唐书·卢藏用传》记载:卢藏用想入朝做官,隐居在京城长安附近的终南山,借此得到很大的名声,终于达到了做官的目的。

甚少，故聘请教员，不得不下聘请兼职之人，亦属不得已之举。究之外人指摘之当否，姑不具论。然弭谤①莫如自修，人讥我腐败，而我不腐败，问心无愧，于我何损？果欲达其做官发财之目的，则北京不少专门学校，入法科者尽可肄业法律学堂，入商科者亦可投考商业学校，又何必来此大学？所以诸君须抱定宗旨，为求学而来。入法科者，非为做官；入商科者，非为致富。宗旨既定，自趋正轨。诸君肄业于此，或三年，或四年，时间不为不多，苟能爱惜分阴，孜孜求学，则其造诣，容有底止。若徒志在做官发财，宗旨既乖②，趋向自异。平时则放荡冶游，考试则熟读讲义，不问学问之有无，唯争分数之多寡；试验既终，书籍束之高阁，毫不过问，敷衍三四年，潦草塞责，文凭到手，即可借此活动于社会，岂非与求学初衷大相背驰乎？光阴虚度，学问毫无，是自误也。且辛亥之役，吾人之所以革命，因清廷官吏之腐败。即在今日，吾人对于当轴③多不满意，亦以其道镕沦丧。今诸君苟不于此时植其基，勤其学，则将来万一因生计所迫，出而任事，担任讲席，则必贻误学生；置身政界，则必贻误国家。是误人也。误己误人，又岂本心所愿乎？故宗旨不可以不正大。此余所希望于诸君者一也。

二曰砥砺德行。方今风俗日偷④，道德沦丧，北京社会，尤为恶劣，败德毁行之事，触目皆是，非根基深固，鲜不为流俗所染，诸君肄业大学，当能束身自爱。然国家之兴替，视风俗之厚薄。流俗如此，前途何堪设想。故必有卓绝之士，以身作则，力矫颓俗。诸君为大学学生，地位甚高，肩此重任，责

---

① 弭谤：平息诽谤。弭，平息，消灭。
② 乖：违反，背离。
③ 当轴：比喻官居要职，指主政者。
④ 偷：浇薄，不厚道。语出《论语·泰伯》："故旧不遗，则民不偷。"

无旁贷，故诸君不唯思所以感己，更必有以励人。苟德之不修，学之不讲，同乎流俗；合乎污世，己且为人轻侮，更何足以感人。然诸君终日伏首案前，芸芸攻苦，毫无娱乐之事，必感身体上之苦痛。为诸君计，莫如以正当之娱乐，易不正当之娱乐，庶于道德无亏，而于身体有益。诸君入分科时，曾填写愿书，遵守本校规则，苟中道而违之，岂非与原始之意相反乎？故品行不可以不谨严。此余所希望于诸君者二也。

三曰敬爱师友。教员之教授，职员之任务，皆以图诸君求学便利，诸君能无动于衷乎？自应以诚相待，敬礼有加。至于同学共处一堂，尤应互相亲爱，庶可收切磋之效。不唯开诚布公，更宜道义相勖①，盖同处此校，毁誉共之，同学中苟道德有亏，行有不正，为社会所訾詈②，己虽规行矩步，亦莫能辩，此所以必互相劝勉也。余在德国，每至店肆购买物品，店主殷勤款待，付价接物，互相称谢，此虽小节，然亦交际所必需，常人如此，况堂堂大学生乎？对于师友之敬爱，此余所希望于诸君者三也。

余到校视事仅数日，校事多未详悉，兹所计划者二事。一曰改良讲义。诸君既研究高深学问，自与中学、高等不同，不唯恃教员讲授，尤赖一己潜修。以后所印讲义，只列纲要，细微末节，以及精旨奥义，或讲师口授，或自行参考，以期学有心得，能裨实用。二曰添购书籍。本校图书馆书籍虽多，新出者甚少，苟不广为购办，必不足供学生之参考。刻拟筹集款项，多购新书，将来典籍满架，自可旁稽博采，无漠缺乏矣。今日所与诸君陈说者只此，以后会晤日长，随时再为商榷可也。

---

① 勖：勉励。
② 訾詈：谴责。訾，说人坏话。詈，骂。

世界观与人生观

世界无涯涘也,而吾人乃于其中占有数尺之地位;世界无终始也,而吾人乃于其中占有数十年之寿命;世界之迁流如是其繁变也,而吾人乃于其中占有少许之历史。以吾人之一生较之世界,其大小久暂之相去既不可以数量计,而吾人一生又决不能有几微遁出于世界以外,则吾人非先有一世界观,决无所容喙①于人生观。

虽然,吾人既为世界之一分子,决不能超出世界以外,而考察一客观之世界,则所谓完全之世界观何自而得之乎?曰凡分子必具有全体之本性,而既为分子则因其所值之时地而发生种种特性,排去各分子之特性而得一通性,则即全体之本性矣。吾人为世界一分子,凡吾人意识所能接触者无一非世界之分子。研究吾人之意识而求其最后之原素为物质及形式,犹相对待也。超物质形式之畛域而自在者,唯有意志。于是吾人得以意志为世界各分子之通性,而即以是为世界之本性。

本体世界之意志②,无所谓鹄的也。何则?一有鹄的,则

---

① 喙:鸟兽的嘴。引申为说。
② 本体世界之意志:蔡元培接受了叔本华唯意志论哲学的影响,认为世界的本质是意志。意志支配着宇宙、人生的运动变化、发生与消亡。而意志是自在的,并无什么目的(这里的"意志"与伦理学中常用的意志概念是不同的),所以蔡元培又称之为"黑暗之意志""盲瞽之意志"。

悬之有其所，达之有其时，而不得不循因果律以为达之之方法，是仍落于形式之中，含有各分子之特性，而不足以为本体。故说者以本体世界为黑暗之意志，或谓之盲瞽之意志，皆所以形容其异于现象世界各各之意志也。现象世界各各之意志则以回向本体为最后之大鹄的，其间接以达于此大鹄的者又有无量数之小鹄，各以其间接于最后大鹄的之远近为其大小之差。

最后之大鹄的何在？曰：合世界之各分子息息相关，无复有彼此之差别，达于现象世界与本体世界相交之一点①是也。自宗教家言之，吾人固未尝不可一瞬间超轶现象世界种种差别之关系，而完全成立为本体世界之大我。然吾人于此时期既尚有语言文字之交通，则已受范于渐法②之中，而不以顿法③，于是不得不有所谓种种间接之作用。缀辑此等间接作用，使厘然④有系统可寻者，进化史也。

统大地之进化史而观之，无机物之各质点，自自然引力外，殆无特别相互之关系；进而为有机之植物，则能以质点集合之机关共同操作，以行其延年传种之作用；进而为动物，则又于同种类间为亲子朋友之关系，而其分职通功之例视植物为繁。

---

① 达于现象世界与本体世界相交之一点：蔡元培的哲学观点主要来自康德。康德把世界分为"现象"与"本体"两个部分。现象世界即现实物质世界，充满了矛盾与差异；本体世界即观念（或理念）世界，与现象世界截然不同，它无差异，无矛盾，因而是绝对的、无限的、自由的。人有事于现象世界，而最高理想（最大鹄的）却悬在本体世界。如何达到本体世界？唯有以审美为"津梁"。因为审美以"现象"为形式反映"本体"之观念，正处于两个世界之"交点"，或者说是连接两个世界的桥梁。

② 渐法：即渐悟，佛教名词。指须经过长期修习才能逐渐达到佛教所要求或规定的觉悟。这种修习方法与顿悟相对，成为佛教中两种对立的修习方法。蔡元培借用此词说明世界观与人生观的修养要经过长期的修习磨炼，而不能采取顿悟法。

③ 顿法：即顿悟。指无须经过长期修习，只要把握佛教"真理"，即可突然觉悟，豁然开朗。

④ 厘然：经过整理而使之系统有序。厘，整理。

及进而为人类，则由家庭而宗族，而社会，而国家，而国际，其互相关系之形式既日趋于博大，而成绩所留，随举一端，皆有自阂而通，自别而同之趋势。例如昔之工艺，自造之，而自用之耳。今则一人之所享受，不知经若干人之手而后成；一人之所操作，不知供若干人之利用。

昔之知识，取材于乡土志耳。今则自然界之记录，无远弗届①，远之星体之运行，小之原子之变化，皆为科学所管领。由考古学人类学之互证，而知开明人之祖先与未开化人无异；由进化学之研究，而知人类之祖先与动物无异。是以语言风俗宗教美术之属，无不合大地之人类以相比较。而动物心理，动物言语之属，亦渐为学者所注意。昔之同情，及最近者而止耳。是以同一人类，或状貌稍异，即痛痒不复相关，而甚至于相食。其次则死之，奴之。今则四海兄弟之观念为人类所公认，而肉食之戒，虐待动物之禁②，以渐流布。所谓仁民而爱物者，已成为常识焉。夫已往之世界，经其各分子经营而进步者其成绩固已如此，过此以往，不亦可比例而知之欤？

道家之言曰："知足不辱，知止不殆。"又曰："小国寡民，使有什伯之器而不用；使民重死而不远徙，虽有舟舆，无所乘之，虽有甲兵，无所陈之；使民复结绳而用之，甘其食，美其服，安其居，乐其俗；邻国相望，鸡犬之声相闻，民至老死而不相往来。"此皆以目前之幸福言之也。自进化史考之，则人类精神之趋势乃适与相反。人满之患，虽自昔借为口实，而自昔探险新地者率生于好奇心，而非为饥寒所迫。南北极苦寒之所，未必

---

① 无远弗届：没有不可到达的地方。弗，不。届，到，至。
② 肉食之戒，虐待动物之禁：是西方近代兴起的一种运动，反对食肉，主张食素，禁止虐待与残害动物，对动物也要有同情心。这一运动对近代中国一些进步人士也产生过影响。

于吾侪生活有直接利用之资料，而冒险探极者踵相连。由推轮而大辂①，由桴槎②而方舟，足以济不通矣，乃必进而为汽车汽船及自动车之属。近则飞艇飞机更为竞争之的。其构造之初必有若干之试验者供其牺牲，而初不以及身之不及利用而生悔。文学家美术家最高尚之著作，被崇拜者或在死后，而初不以及身之不得信用而辍业。用以知：为将来而牺牲现在者，又人类之通性也。

人生之初，耕田而食，凿井而饮，谋生之事至为繁重，无暇为高尚之思想。自机械发明，交通迅速，资生之具日趋于便利。循是以往，必有寂粟如水火之一日，使人类不复为口腹所累，而得专致力于精神之修养。今虽尚非其时，而纯理之科学，高尚之美术，笃嗜者固已有甚于饥渴，是即他日普及之征兆也。科学者，所以祛现象世界之障碍，而引至于光明。美术者，所以写本体世界之现象，而提醒其觉性。人类精神之趋向既毗于是，则其所到达之点盖可知矣。

然则，进化史所以诏吾人者：人类之义务，为群伦不为小己，为将来不为现在，为精神之愉快而非为体魄之享受，固已彰明而较著矣。而世之误读进化史者，乃以人类之大鹄的为不外乎具一身与种性之生存，而遂以强者权利为无上之道德。夫使人类果以一身之生存为最大之鹄的，则将如神仙家所主张，而又何有于种姓？如曰人类固以绵延其种姓为最后之鹄的，则必以保持其单纯之种姓为第一义，而同姓相婚，其生不善，古今开明民族，往往有几许之混合者。是两者何足以为究竟之鹄的乎？孔子曰："生无所息。"庄子曰："造物劳我以生。"诸葛孔明曰："鞠躬尽瘁，死而后已。"是吾身之所以欲生存也。北

---

① 辂：本意是车辕上用来牵引车的横木。这里是指大车。
② 桴槎：小筏子。

山愚公之言曰："虽我之死，有子存焉。子又生孙，孙又生子，子子孙孙，无穷匮也。而山不加增，何苦而不平？"是种姓之所以欲生存也。人类以在此世界有当尽之义务，不得不生存其身体。又以此义务者非数十年之寿命所能竣，而不得不谋其种姓之生存。以图其身体若种姓之生存，而不能不有所资以营养，于是有吸收之权利。又或吾人所以尽务之身体若种姓，及夫所资以生存之具，无端受外界之侵害，将坐是而失其所以尽务之自由，于是有抵抗之权利。此正负两式之权利，由义务而演出者也。今曰：吾人无所谓义务，而权利则可以无限，是犹同舟共济，非合力不足以达彼岸，乃强有力者以进行为多事，而劫他人所持之棹楫①以为己有，岂非颠倒之尤者乎？

昔之哲人有见于大鹄的之所在，而于其他无量数之小鹄的，又准其距离于大鹄的之远近，以为大小之差。于其常也，大小鹄的并行而不悖。孔子曰："己欲立而立人，己欲达而达人。"孟子曰："好乐，好色，好货，与人同之。"是其义也。于其变也，绌小以申大。尧知子丹朱之不肖，不足授天下。授舜，则天下得其利而丹朱病，授丹朱，则天下病而丹朱得其利。尧曰，终不以天下之病而利一人，而卒授舜以天下。禹治洪水，十年不窥其家。孔子曰："志士仁人，无求生以害仁，有杀身以成仁。"墨子摩顶放踵②，利天下为之。孟子曰："生与义不可得兼，舍生而取义。"范文正曰："一家哭，何如一路哭。"是其义也。循是以往，则所谓人生者，始合于世界进化之公例，而有真正之价值。否则，庄生所谓天地之委形委蜕已耳，何足道也！

---

① 棹楫：船桨。
② 摩顶放踵：从头到脚都磨伤了。形容不辞劳苦，不顾身体。放，到。踵，脚后跟。墨子是春秋战国时期的思想家，墨家学派创始人。他很重视实践，所以孟子说："墨子兼爱，摩顶放踵，利天下为之。"

孔子之精神生活

精神生活，是与物质生活对待的名词。孔子尚中庸，并没有绝对的排斥物质生活，如墨子以自苦为极，如佛教的一切惟心造；例如《论语》所记："失饪不食，不时不食"①，"狐貉之厚以居"，谓"卫公子荆善居室"，"从大夫之后，不可以徒行"，对于衣食住行，大抵持一种素富贵行乎富贵、素贫贱行乎贫贱的态度。但使物质生活与精神生活在不可兼得的时候，孔子一定偏重精神方面。例如孔子说："饭疏食，饮水，曲肱而枕之，乐亦在其中矣；不义而富且贵，于我如浮云。"可见他的精神生活，是决不为物质生活所摇动的。今请把他的精神生活分三方面来观察。

第一，在智的方面。孔子是一个爱智的人，尝说："盖有不知而作之者，我无是也；多闻，择其善者而从之，多见而识之。"又说："多闻阙②疑"，"多见阙殆"，又说："知之为知之，不知为不知，是知也。"可以见他的爱智，是毫不含糊，决非强不知为知的。他教子弟通礼、乐、射、御、书、数的六艺；又为分设德行、言语、政事、文学四科，彼劝人学诗，在心理上

---

① 失饪不食，不时不食：烹调生熟失宜的食品不吃，不按季节、不按节气去吃的食品不吃。

② 阙：同"缺"。

指"兴"、"观"、"群"、"怨",在伦理上指出"事父"、"事君",在生物上指出"多识于鸟兽草木之名"。(他如《国语》说:孔子识肃慎氏之石砮,防风氏骨节,是考古学;《家语》说:孔子知萍实,知商羊,是生物学;但都不甚可信。)可以见知力范围的广大。至于知力的最高点,是道,就是最后的目的,所以说:"朝闻道,夕死可矣。"这是何等的高尚!

第二,在仁的方面。从亲爱起点,"泛爱众,而亲仁",便是仁的出发点。他的进行的方法用恕字,消极的是"己所不欲,勿施于人";积极的是"己欲立而立人,己欲达而达人"。他的普遍的要求,是"君子无终食之间违仁,造次必于是,颠沛必于是"。他的最高点,是"伯夷、叔齐,古之贤人也,求仁而得仁,又何怨?""志士仁人,无求生以害仁,有杀身以成仁。"这是何等伟大!

第三,在勇的方面。消极的以见义不为为无勇;积极的以童汪踦①能执干戈卫社稷可无殇。但孔子对于勇,却不同仁、智的无限推进,而时加以节制。例如说:"小不忍则乱大谋。""一朝之忿,忘其身以及其亲,非惑欤?""好勇不好学,其蔽也乱。""君子有勇而无义为乱,小人有勇而无义为盗。""暴虎冯河,死而无悔者,吾不与焉,必也临事而惧,好谋而成者也。"这又是何等的谨慎!

孔子的精神生活,除上列三方面观察外,尚有两特点:一是毫无宗教的迷信,二是利用美术的陶养。孔子也言天,也言命,照孟子的解释,莫之为而为是天,莫之致而致是命,等于数学上的未知数,毫无宗教的气味。凡宗教不是多神,便是一

---

① 汪踦:人名。春秋时鲁国的一个儿童,在参加抗击齐国的战斗中牺牲,鲁国破格以成年礼葬之。

神；孔子不语神，敬鬼神而远之，说"未能事人，焉能事鬼？"完全置鬼神于存而不论之列。凡宗教总有一种死后的世界；孔子说："未知生，焉知死？""之死而致死之，不仁而不可为也；之死而致生之，不知而不可为也"；毫不能用天堂地狱等说来附会他。凡宗教总有一种祈祷的效验，孔子说："丘之祷久矣"，"获罪于天，无所祷也"，毫不觉得祈祷的必要。所以孔子的精神上，毫无宗教的分子。

孔子的时代，建筑、雕刻、图画等美术，虽然有一点萌芽，还算是实用与装饰的工具，而不认为独立的美术；那时候认为纯粹美术的是音乐。孔子以乐为六艺之一，在齐闻韶，三月不知肉味。谓："韶尽美矣，又尽善也。"对于音乐的美感，是后人所不及的。

孔子所处的环境与二千年后的今日，很有差别；我们不能说孔子的语言到今日还是句句有价值，也不敢说孔子的行为到今日还是样样可以做模范。但是抽象的提出他精神生活的概略，以智、仁、勇为范围，无宗教的迷信而有音乐的陶养，这是完全可以为师法的。

读书与救国
——在杭州之江大学演说词

今天承贵校校长费博士介绍,得来此参观,引为非常的荣幸!贵校的创设,有数十年的悠久历史,内中一切规模设备,甚是完美。不用说,这个学校是我们浙江惟一的最高学府。青年学子不必远离家乡,负笈千里,即可求得高深学问,这可不是我们浙江青年的幸福吗!

我看贵校的编制,分文、理二科,这正合西洋各大学以文、理为学校基本学科的本旨。我们大家晓得,攻文学的人,不独要在书本子里探讨,还当受大自然的陶镕。是以求学的环境,非常重要。请看英国牛津大学和美国哥伦比亚大学,他们都设在城外风景佳绝之地。因此,这两个学校里产出的文学巨子,亦较别校为多。贵校的校址,负山带河,面江背湖,空气固是新鲜,风景更属美丽。诸位求学于如此山明水秀之处所,自必兴趣丛生,收事半功倍之效。所以我很希望你们当中学文科的人,能多多造成几位东方之文学泰斗。

印度文明,太偏重于理想,不适合于二十世纪的国家。现在是科学竞争时代,物质万能时代,世界上的强国,无不是工业兴隆,对于声光化电的学问,研究得至微至细的。什么电灯啦,电报啦,轮船啦,火车啦,这些有利人类的一切发明,皆外人贡献的。我们中国就是本着古礼"来而不往,非礼也"的公式,也该有点发明,与世界各国相交换才是。这个责任,我希望贵校学理科的诸位，能自告奋勇地去担负起来。

现在国内一般人们，对于收回教育权的声浪，皆呼得非常之高，而我则以为这个时期还没到。试问国立的几所少数学校，是否能完全容纳中国的学生，而使之无向隅之憾呢？中国目下的情形，是需要人才的时候，不应该拘执于微末之争。至云教会学校的学生，对于爱国运动很少参加，便是无爱国的热忱，这个见解更是错了。学生在求学时期，自应惟学是务，朝朝暮暮，自宜在书本子里用功夫。但大家不用误会，我并不是说学生应完全的不参加爱国运动，总要能爱国不忘读书，读书不忘爱国，如此方谓得其要旨。至若现在有一班学生，借着爱国的美名，今日罢课，明天游行，完全把读书忘记了，像这样的爱国运动，是我所不敢赞同的。

我在外国已有多年，并未多见罢课的事情。只有法国一个高等学堂里，因换一教员，同时有二人欲谋此缺，一新派，一旧派，旧派为保守党，脑筋旧，所以政府主用新人物，因此相争，旧派乃联络全城的高等学校罢课。当时西人认为很惊奇的一回事。而我国则不然，自五四以后，学潮澎湃，日胜一日，罢课游行，成为司空见惯，不以为异。不知学人之长，惟知采人之短，以致江河日下，不可收拾，言之实堪痛心啊！

总之，救国问题，谈何容易，决非一朝一夕空言爱国所可生效的。从前勾践雪耻，也曾用"十年生聚，十年教训"的工夫，而后方克遂志。所以我很希望诸位如今在学校里，能努力研究学术，格外穷理。因为能在学校里多用一点功夫，即为国家将来能多办一件事体。外务少管些，应酬以适环境为是，勿虚掷光阴。宜多多组织研究会，常常在试验室里下功夫。他日学成出校，为国宣力，胸有成竹，临事自能措置裕如。一校之学生如是，全国各学校之学生亦如是，那末中国的前途，便自然一天光明一天了。

关于读经问题

读经问题，是现在有些人主张：自小学起，凡学生都应在十三经中选出一部或一部以上作为读本的问题。为大学国文系的学生讲一点《诗经》，为历史系的学生讲一点《书经》与《春秋》，为哲学系的学生讲一点《论语》《孟子》《易传》与《礼记》，是可以赞成的。为中学生选几篇经传的文章，编入文言文读本，也是可以赞成的。若要小学生也读一点经，我觉得不妥当，认为无益而有损。

主张读经的人，一定认为经中有很好的格言，可以终身应用，所以要读熟他。但是有用的格言，我们可以用别种方式发挥他，不一定要用原文，例如《论语》说恕字，是："己所不欲，勿施于人。"又说是："我不欲人之加诸我也，我亦欲无加诸人。"在《礼记·中庸篇》说是："施诸己而不愿，亦勿施诸人。"在《大学篇》说是："絜矩之道：所恶于上，毋以使下；所欲于下，毋以事上；所恶于前，毋以先后；所恶于后，毋以从前；所恶于右，毋以交于左；所恶于左，毋以交于右。"在《孟子》说："爱人者人恒爱之；敬人者人恒敬之。"又说："杀人之父，人亦杀其父；杀人之兄，人亦杀其兄。"这当然都是颠扑不破的格言，但太抽象了，儿童不容易领会；我们若用"并坐不横肱"等具体事件，或用"狐以盘饷鹤，鹤以瓶饷狐"等寓言证明这种理论，反能引起兴趣。又如《论语》说："志士仁人，有杀身以成仁，无求生以害仁。"《孟子》说："生，我所欲也；义，亦我所欲也，二者不可得兼，舍生而取义者也。"也说得斩钉截铁的样子，但是同儿童说明，甚难了解。我们要是借黄花岗七十二烈士或其他先烈的传记来证明，就比较的有意思了。所以我认为呆读经文，没有多大益处。在司马迁《史记》里面，引《书经》的话，已经用翻译法，为什么我们这个时代还要小孩子读经书原文呢？

经书里面，有许多不合于现代事实的话，在古人们处他们的时代，不能怪他；若用以教现代的儿童，就不相宜了。例如尊君卑臣、尊男卑女一类的话。又每一部中总有后代人不容易了解的话，《论语》是最平易近人的，然而"凤凰不至"、"子见南子"、"色斯举矣"等章，古今成年人都解释不明白，要叫小孩子们硬读，不怕窒碍他们的脑力么？《易经》全部，都是吉凶悔吝等信仰卜筮的话，一展卷就说"潜龙"、"飞龙"。《诗经》是"国风好色"、"小雅怨诽"，在成人或可体会那不淫不乱的界限，怎样同儿童讲明呢？一开卷就是"窈窕淑女，君子好逑"。《牡丹亭》曲本里的杜丽娘，就因此而引起伤春病，虽是寓言，却实有可以注意的地方。所以我认为小学生读经，是有害的，中学生读整部的经，也是有害的。

美育实施的方法

我国初办新式教育的时候，止提出体育、智育、德育三条件，称为三育。十年来，渐渐地提到美育，现在教育界已经公认了。李石岑[①]先生要求我说说"美育实施的方法"，我把我个人的意见写在下面。

照现在教育状况，可分为三个范围：一、家庭教育；二、学校教育；三、社会教育。我们所说的美育，当然也有这三方面。

我们要作彻底的教育，就要着眼最早的一步。虽不能溢出范围，推到优生学；但至少也要从胎教起点。我从不信家庭有完美教育的可能性，照我的理想，要从公立的胎教院与育婴院着手。

公立胎教院是给孕妇住的，要设在风景佳胜的地方，不为都市中混浊的空气、纷扰的习惯所沾染。建筑的形式要匀称，要玲珑，用本地旧派，略参希腊或文艺中兴时代的气味。凡埃

[①] 李石岑：（1892—1934），中国现代哲学家。湖南醴陵人。早年曾留学日本，在五四新文化运动中大量介绍西方各派哲学，推崇实用主义和生命哲学，并因倡言"人生哲学"而声名卓著。著有《中国哲学十讲》《人生哲学》《哲学概论》等。

及的高压式,峨特①的偏激派,都要避去。四面都是庭园,有广场,可以散步,可以作轻便的运动,可以赏月观星。园中杂莳②花木,使四时均有雅丽之花叶,可以悦目。选毛羽秀丽、鸣声谐雅的动物,散布花木中间;须避去用索系猴、用笼装鸟的习惯。引水成泉,勿作激流。汇水成池,蓄美观活泼的鱼。室内糊壁的纸、铺地的毡,都要选恬静的颜色、疏秀的花纹。应用与陈列的器具,要轻便雅致,不取笨重或过于琐巧的。一室中要自成系统,不可混乱。陈列雕刻、图画,都取优美一派:应有健全体格的裸体像与裸体画。凡有粗犷、猥亵、悲惨、怪诞等品,即使描写个性,大有价值,这里都不好加入。过度激刺的色彩,也要避去。备阅览的文字,要乐观的、和平的;凡是描写社会黑暗方面、个人神经异常的,要避去。每日可有音乐,选取的标准,与图画一样,激刺太甚的、卑靡的,都不取。总之,各种要孕妇完全在平和活泼的空气里面,才没有不好的影响传到胎儿。这是胎儿的美育。

　　孕妇产儿以后,就迁到公共育婴院。第一年是母亲自己抚养的;第二、三年,如母亲要去担任她的专业,就可把婴儿交给保姆。育婴院的建筑,与胎教院大略相同,或可联合一处。其中陈列的雕刻图画,可多选裸体的康健儿童,备种种动静的姿势;隔几日,可更换一套。音乐,选简单静细的。院内成人的言语与动作,都要有适当的音调态度,可以作儿童的模范。就是衣饰,也要有一种优美的表示。

---

　　① 峨特:今译作哥特。哥特式原本指源自11世纪的一种建筑风格,主要的表现是建筑上的"锐角三角形",建筑的特色包括尖形拱门、肋状拱顶与飞拱。最常见于欧洲的主教座堂、大修道院与教堂。整体风格为高耸削瘦,以卓越的建筑技艺表现了神秘、哀婉、崇高的强烈情感,对后世其他艺术均有重大影响。

　　② 莳:栽种。

在这些公立机关未成立以前，若能在家庭里面，按照上列的条件小心布置，也可承认为家庭美育。

儿童满了三岁，要进幼稚园了。幼稚园是家庭教育与学校教育的过渡机关。那时候儿童的美感，不但被动的领受，并且自动的表示了。舞蹈、唱歌、手工，都是美育的专课。就是教他计算、说话，也要从排列上、音调上迎合他们的美感，不可用枯燥的算法与语法。

儿童满了六岁，就进小学校，此后十一二年，都是普通教育时期，专属美育的课程，是音乐、图画、运动、文学等。到中学时代，他们自主力渐强，表现个性的冲动渐渐发展，选取的文字、美术，可以复杂一点。悲壮、滑稽的著作，都可应用了。

但是美育的范围，并不限于这几个科目，凡是学校所有的课程，都没有与美育无关的。例如数学，仿佛是枯燥不过的了；但是美术上的比例、节奏，全是数的关系，截金术是最显的例。数学的游戏，可以引起滑稽的美感。几何的形式，是图案术所应用的。理化学似乎机械性了；但是声学与音乐，光学与色彩，密切的很。雄强的美，全是力的表示。美学中有"感情移入"论，把美术品形式都用力来说明他。文学、音乐、图画，都有冷热的异感，可以从热学上引起联想。磁电的吸距，就是人的爱憎。有许多美术工艺，是用电力制成的。化学实验，常见美丽的光焰；元子、电子的排列法，可以助图案的变化。图画所用的颜料，有许多是化学品。星月的光辉，在天文学上不过映照距离的关系，在文学、图画上便有绝大的魔力。矿物的结晶、闪光与显色，在科学上不过自然的结果，在装饰品便作重要的材料。植物的花叶，在科学上不过生殖与呼吸机关，或供分类的便利。动物的毛羽与声音，在科学上作为保护生命的作用，或雌雄淘汰的结果，在美术、文学上都为美观的材料。地理学上云霞风雪的变态，山岳河海的名胜，文学家美学家的遗迹；历史上文学美术的进化，文学家美术家的轶事，也都是美育的资料。

由普通教育转到专门教育，从此关乎美育的学科，都成为单纯的进行了。爱音乐的进音乐学校，爱建筑、雕刻、图画的进美术学校，爱演剧的进戏剧学校，爱文学的进大学文科，爱别种科学的人就进了别的专科了。但是每一个学校的建筑式、陈列品，都要合乎美育的条件。可以时时举行辩论会、音乐会、成绩展览会、各种纪念会等，都可以利用他来行普及的美育。

学生不是常在学校的，又有许多已离学校的人，不能不给他们一种美育的机会，所以又要有社会的美育。

社会美育，从专设的机关起：

（一）美术馆，搜罗各种美术品，分类陈列。于一类中，又可依时代为次。以原本为主，但别处所藏的图画，最著名的，也用名手的摹本。别处所藏的雕刻，也可用摹造品。须有精印的目录，插入最重要品的摄影。每日定时开馆。能不收入门券费最善，必不得已，每星期日或节日必须免费。

（二）美术展览会，须有一定的建筑，每年举行几次，如春季展览、秋季展览等。专征集现代美术家作品，或限于本国，或兼征他国的。所征不胜陈列，组织审查委员选定。陈列品可开明价值，在会中出售。馀时亦可开特别展览会，或专陈一家作品，或专陈一派作品。也有借他国美术馆或私人所藏展览的。

（三）音乐会，可设一定的会场，定期演奏。在夏季也可在公园、广场中演奏。

（四）剧院，可将歌舞剧、科白剧①分设两院，亦可于一院中更番演剧。剧本必须出自文学家手笔，演员必须受过专门教育。剧院营业，如不敷开支，应用公款补助。

（五）影戏馆，演片须经审查，凡无聊的滑稽剧、凶险的侦探案、卑猥的恋爱剧都去掉。单演风景片与文学家作品。

（六）历史博物馆，所收藏大半是美术品，可以看出美术进化的痕迹。

（七）古物学陈列所，所收藏的大半是古代的美术品，可以考见美术的起源。

（八）人类学博物馆，所收藏的不全是美术品，或者有很丑恶的，但可以比较各民族的美术，或是性质不同，或是程度不同。无论如何幼稚的民族，总有几种惊人的美术品。又往往不相交通的民族，有同性质的作品。很可以促进美术的进步。

（九）博物学陈列所与植物园、动物园，这固然不专为美育而设，但矿物的标本与动植物的化石，或色彩绚烂，或结构精致，或形状奇伟，很可以引起美感。若种种生活的动植物，值得赏鉴，更不待言了。

在这种特别设备以外，又要有一种普遍的设备，就是地方的美化。若只有特别的设备，平常接触耳目的，还是些卑丑的形状，美育就不完全；所以不可不谋地方的美化。

地方的美化，第一是道路。欧洲都市最广的道路，两旁为人行道，其次公车来往道，又间以种树、艺花，及游人列坐的地方二三列，这自然不能常有的。但每条道路，都要宽平。一地方内各条道路，要有一点匀称的分配。道路交叉的点，必须留一空场，置喷泉、花畦、雕刻品等。

---

① 科白剧：即话剧。

第二是建筑。三间东倒西歪屋，固然起脆薄、贫乏的感想；三四层匣子重叠式的洋房，也可起板滞、粗俗的感想。若把这两者并合在一处，真异常难受了。欧美海滨或山坳的别墅团体，大半是一层楼，适敷小家庭居住，二层的已经很少，再高是没有的。四面都是花园，疏疏落落，分开看各有各的意匠，合起来看，合成一个系统。现在各国都有"花园城"的运动，他们的建筑也大概如此。我们的城市改革很难，组织新村的人，不可不注意呵！

第三是公园。公园有两种：一种是有围墙，有门，如北京中央公园、上海黄浦滩外国公园的样子。里面人工的设备多一点，进去有一点制限。还有一种，是并无严格的范围，以自然美为主，最要的是一大片林木，中开无数通路可以散步。有几大片草地可以运动。有一道河流，或汇成小湖，可以行小舟。建筑品不很多，游人可自由出入。在巴黎、柏林等，地价非常昂贵，但是这一类大公园，都有好几所永远留着。

第四是名胜的布置。瑞士有世界花园的称号，固然是风景很好，也是他们的保护点缀很适宜，交通很便利，所以能吸引游人。美国有好几所国家公园，地面很大，完全由国家保护，不能由私人随意占领，所以能保留他的优点，不受损坏。我们国内，名胜很多，但如黄山等，交通不便，颇难游赏。交通较便的如西湖等，又漫无限制，听无知的人造了许多拙劣的洋房，把自然美缀了许多污点，真是可惜。

第五是古迹的保存。新近的建筑，破坏了很不美观。若是破坏的古迹，转可以引起许多历史上的联想，于不完全中认出美的分子来。所以保存古迹，以不改动他为原则。但有些非加修理不可的，也要不显痕迹，且按着原状的派式。并且留得原状的摄影，记述修理情形同时日，备后人鉴别。

第六是公坟。我们中国人的做坟，可算是混乱极了。贫的是随地权厝①，或随地做一个土堆子。富的是为了一个死人，占许多土地。石工墓木，也是千篇一律，一点没有美意。照理智方面观察，人既死了，应交医生解剖，若是于后来生理上病理上可备参考的，不妨保存起来。否则血肉可作肥料，骨骼可供雕刻品，也算得是废物利用了。但是人类行为，还有感情方面的吸力，生人对于死人，决不肯把他哀感所托的尸体，简单地处置了。若是照我们南方各省，满山是坟，不但太不经济，也是破坏自然美的一端。现在不如先仿西洋的办法，他们的公坟有两种：一是土葬的，如上海三马路，北京崇文门，都有西洋的公坟。他是画一块地，用墙围著，布置一点林木。要葬的可以指区购定。墓旁有花草，墓上的石碑有花纹，有铭词，各具意匠，也可窥见一时美术的风尚。还有一种是火葬，他们用很庄严的建筑，安置电力焚尸炉。既焚以后，把骨灰聚起来，装在古雅的瓶里，安置在精美石坊的方孔中。所占的地位，比土葬减少，坟园的布置，也很华美。这些办法都比我们的随地乱葬好，我们不妨先采用。

我说美育，一直从未生以前，说到既死以后，可以休了。中间有错误的、脱漏的，我再修补，尤希望读的人替我纠正。

---

① 厝：把棺材停放待葬，或浅埋以待改葬。

对于师范生的希望

在今日看来，无论中外，男女都要受教育，并且所受的教育都要一样的。从前的人以为所学的科学不必相同，有女子须学而男子不应学者，有男子须学而女子不应学者，于是学校有男女之别。社会情形改变，家庭情形亦随之改变：从前只有男子在社会上做事，女子毫不负责任，近年来女子常常代男子做许多社会事业，譬如欧战发生以后，男子都从军去了，女子乃不得不在社会上做事。塞尔维亚的女子也有从军的。照这样看来，男女所做的事，应该相同。中国的教育，男女学校不是平行发达：男子有专门学校，有大学校，女子没有，所以北京大学实行男女同学。中国有男子师范、女子师范，但男女师范之分离，并不是程度上的关系，并不是功课上的关系，不过因仍旧习惯罢了。

师范的性质与中学不同：中学毕业后还要升学；师范毕业，就要当教员。师范是为培植将来的小学教员。诸位是将来的教员，不可不注重学校中一切的科学。中学各科有各科的教员，教师或只教一种科学，小学则不然。小学内常常以一人兼教各种科学，初等小学常以一人兼学校中一切科学，如手工、图画、音乐、体操，所以一个师范生可以办一个小学。师范生的程度，必须各科都好，才能担负这种责任。小学教师正像工人一样，工人的各种器具都完备，才能制造各种东西，小学教师的各种科学都完善，才能得良好的小学教育。所以师范生须兼长并进，不能选此舍彼。

现在的学校多实行选科制，但这种制度只能行之于高等以上的学校，并且学生只有相对的选择，无绝对的选择，除必修科以外的科学，才有选择权。北京大学现行这种制度，如入化学科，有三分之二是必修科，余者可自由选择。又如在每门选一种或几种科学，而不专习某科者谓之旁听生，修业期限无定，学校亦不发毕业证书。学生所选的学科必须经教员审定，因教员知道选何者有益，选何者无益，如走生路，若无人指引，易入歧路。总而言之，高等教育方行选科制，但须教员认定。

普通教育不能行选科制，只可采用选科精神。从前的学生有因一二种学科不及格而降班者，譬如甲长于国文而算术不好，因算术不好降入低年级，使他的国文也不能随高年级听讲。这种办法很不公平。遇了这种情形可用选科的精神，就是甲算术不好，乙国文不好，可令甲乙二人在低年级听算术国文，其余的科学仍随高年级听讲。普通教育，选科的程度至此为止，普通师范学校当然也是这样。

师范生对于各科的知识，必须贯通，各有心得，多看参考书，参观实在情形，心身上才有利益，怎么叫作师范？范就是模范，可为人的榜样。自己的行为要做别人的模范，所以师范生的行为最要紧。模范不是短时间能成就的，须慢慢地养成。

学校内的规则不许你们这样，或不许你们那样，这是消极的。学生知道这些规则对于我们有益，我情愿遵守，才肯入校。所以学校的规则可说不是学校定的，是你们自己定的。学校的规则如很不方便，可求改良，但不得忽然破坏规则。教室内无规则，就没有秩序，你们当教员的时候愿看见这种情形么？

五四以后，社会上很重视学生，但到了现在，生出许多流弊。学生以自己为万能，常常想去干涉社会上的事和政治上的事。如果学校内有一部分人如此，他部分想用功的人也决不能用功了。欧战以来，各国毕业生有许多当兵者，但未毕业的仍旧求学。不求学，专想干涉校外的事，有极大的危险。国家的事不是学生可以解决的，学生运动不过要提醒外界的人，不是能直接解决各种问题。所以用不着常常运动。

五四运动发源于北大，当时这种运动，出于势不得已，非有意干涉政治。现在北大的学生决不肯轻易干涉政治上的事。为什么原故呢？（一）因学问不充足，办事很困难，办事须从学问上入手，不得不专心求学。（二）觉得中国政治问题层出不穷，若常常干预，必至无暇用工。我出京的时候，他们专心求学以外，只办平民学校，不管别的事情了。

小学教员在社会上的位置最重要，其责任比大总统还大些。你们在学校中如有很好的预备，就能担负这责任，有益于社会真不浅呵！

文化运动不要忘了美育

现在文化运动,已经由欧美各国传到中国了。解放呵!创造呵!新思潮呵!新生活呵!在各种周报上,已经数见不鲜了。但文化不是简单,是复杂的;运动不是空谈,是要实行的。要透澈①复杂的真相,应研究科学;要鼓励实行的兴会,应利用美术。科学的教育,在中国可算有萌芽了;美术的教育,除了小学校中机械性的音乐、图画以外,简截②可说是没有。

不是用美术的教育,提起一种超越利害的兴趣,融合一种划分人我的偏见,保持一种永久平和的心境;单单凭那个性的冲动、环境的刺激,投入文化运动的潮流,恐不免有下列三种的流弊:(一)看得很明白,责备他人也很周密,但是到了自己实行的机会,给小小的利害绊住,不能不牺牲主义。(二)借了很好的主义作护身符,放纵卑劣的欲望;到劣迹败露了,叫反对党把他的污点影射到神圣主义上,增了发展的阻力。(三)想用简单的方法、短少的时间,达他的极端的主义;经了几次挫折,就觉得没有希望,发起厌世观,甚且自杀。这三种流弊,不是渐渐发见了么?一般自号觉醒的人,还能不注意么?

文化进步的国民,既然实施科学教育,尤要普及美术教育。

---

① 透澈:透析清楚。
② 简截:简直。

专门练习的，既有美术学校、音乐学校、美术工艺学校、优伶学校等，大学校又设有文学、美学、美术史、乐理等讲座与研究所；普及社会的，有公开的美术馆或博物院，中间陈列品，或由私人捐赠，或用公款购置，都是非常珍贵的。有临时的展览会，有音乐会，有国立或公立的剧院，或演歌舞剧，或演科白剧，都是由著名的文学家、音乐家编制的。演剧的人，多是受过专门教育、有理想、有责任心的。市中大道，不但分行植树，并且间以花畦，逐次移植应时的花。几条大道的交叉点，必设广场，有大树，有喷泉，有花坛，有雕刻品。小的市镇，总有一个公园；大都会的公园，不只一处。又保存自然的林木，加以点缀，作为最自由的公园。一切公私的建筑，陈列器具，书肆与画肆的印刷品，各方面的广告，都是从美术家的意匠构成。所以不论那一种人，都时时刻刻有接触美术的机会。我们现在，除文字界稍微有点新机外，别的还有什么？书画是我们的国粹，都是模仿古人的；古人的书画，是有钱的收藏了，作为奢侈品，不是给人人共见的；建筑雕刻，没有人研究；在嚣杂的剧院中，演那简单的音乐、卑鄙的戏曲；在市街上散步，只见飞扬尘土，横冲直撞的车马，商铺门上贴着无聊的春联，地摊上出售那恶俗的花纸。在这种环境中讨生活，什么能引起活泼高尚的感情呢？所以我很望致力文化运动诸君，不要忘了美育。

文明之消化[①]

凡生物之异于无生物者，其例证颇多，而最著之端，则为消化作用。消化者，吸收外界适当之食料而制炼之，使类化[②]为本身之分子，以助其发达。此自微生物以至人类所同具之作用也。

人类之消化作用，不惟在物质界，亦在精神界。一人然，民族亦然。希腊民族吸收埃及、腓尼基诸古国之文明而消化之，是以有希腊之文明；高尔、日耳曼诸族吸收希腊、罗马及阿拉伯之文明而消化之，是以有今日欧洲诸国之文明。吾国古代文明，有源出巴比仑之说，迄今尚未证实；汉以后，天方、大秦之文物，稍稍输入矣，而影响不著；其最著者，为印度之文明。汉季，接触之时代也；自晋至唐，吸收之时代也；宋，消化之时代也。吾族之哲学、文学及美术，得此而放一异彩。自元以来，与欧洲文明相接触，逾六百年矣，而未尝大有所吸收，如

---

① 19世纪末，中国先进的知识界否定了"洋务派"的"中学为体，西学为用"的主张，认为西方不仅经济、科技先进，而且学术思想也先进，因而逐渐掀起了学习"西学"的热潮。但不少人对待"西学"只知照搬，生吞活剥，一味地"欧化"。蔡元培针对这种错误倾向，阐述了自己的主张：对于外来的东西要批判地吸收，经过消化变成自己的东西，并且要经过很长的历史过程。本篇即为作者在法国从事研究时所写。

② 类化：以我族类性质的需要去吸收消化外来的东西。这一概念与"同化"的意义相近。

球茎之植物、冬蛰之动物，恃素所贮蓄者以自赡，日趣羸瘠①，亦固其所。至于今日，始有吸收欧洲文明之机会，而当其冲者，实为我寓欧之同人。

吸收者，消化之预备。必择其可以消化者而始吸收之。食肉者弃其骨，食果者弃其核，未有浑沦②而吞之者也。印度文明之输入也，其滋养果实为哲理，而埋蕴于宗教臭味之中。吸收者浑沦而吞之，致酿成消化不良之疾。钩稽③哲理，如有宋诸儒，既不免拘牵门户之成见；而普通社会，为宗教臭味所熏习，迷信滋彰，至今为梗。欧洲文明，以学术为中坚，本视印度为复杂，而附属品之不可消化者，亦随而多歧。政潮之排荡，金力之劫持，宗教之拘忌，率皆为思想自由之障碍。使皆浑沦而吞之，则他日消化不良之弊，将视印度文明为尤甚。审慎于吸收之始，毋为消化时代之障碍，此吾侪所当注意者也。

且既有吸收，即有消化，初不必别有所期待。例如晋、唐之间，虽为吸收印度文明时代，而其时"庄""易"之演讲、建筑图画之革新，固已显其消化之能力，否则，其吸收作用必不能如是之博大也。今之于欧洲文明，何独不然！向使吾侪见彼此习俗之殊别，而不能推见其共通之公理，震新旧思想之冲突，而不能预为根本之调和，则臭味差池，即使强饮强食，其亦将出而哇④之耳！当吸收之始，即参以消化之作用，俾得减吸收时代之阻力，此亦吾人不可不注意者也。

---

① 日趣羸瘠：日渐枯瘦。趣，同"趋"，趋向。羸，瘦弱。
② 浑沦：即囫囵，完整、整个儿。
③ 钩稽：探索考察。
④ 哇：象声词，形容呕吐的声音。

我的新生活观

什么叫旧生活？是枯燥的，是退化的。什么是新生活？是丰富的，是进步的。旧生活的人，是一部分不工作，又不求学的，终日把吃喝嫖赌作消遣。物质上一点也没有生产，精神上一点也没有长进。有一部分是整日做苦工，没有机会求学，身体上疲乏得不得了，所作的工是事倍功半，精神上得过且过，岂不全是枯燥的么？不工作的人，体力是逐渐衰退了；不求学的人，心力有逐渐委靡了；一代传一代，更衰退，更委靡，岂不全是退化吗？新生活是每一个人，每日有定所作工，又有一定的时候求学，所以制品日日增加。还不是丰富的么？工是愈练愈熟的，熟了出产必能加多；而且"熟能生巧"，就能增出新的工作来。学识有一部分讲现在作工的道理，动了这个道理，工作必能改良。又有一部分讲别种工作的道理，懂了那种道理，又可以改良别种的工。从简单的工改到复杂的工；从容易的工改到繁难的工；从出产较少的工改到出产较多的工。而且有一种学问，虽然与工作没有直接的关系，但是学了以后，眼光一日一日的远大起来，心地一日一日的平和起来，生活上无形中增进许多幸福。这还不是进步吗？要是有一个人肯日日作工，日日求学，便是一个新生活的人；有一个团体里的人，都是日日作工，日日求学，便是一个新生活的团体；全世界的人都日日作工，日日求学，那就是新生活的世界了。

《国民杂志》① 序

《国民杂志》者,北京学生所印行也。学生唯一之义务在求学,胡以牺牲其求学之时间与心力,而从事于普通国民之业务,以营此杂志?曰:迫于爱国之心,不得已也。向使学生而外之国民均能爱国,而尽力于救国之事业,使为学生者得专心求学,学成而后有以大效于国,诚学生之幸也。而我国大多数之国民,方漠然于吾国之安危,若与己无关。而一部分有力者,乃日以椓丧②国家为务。其能知国家主义而竭诚以保护之者,至少数耳。求能助此少数爱国家,唤醒无意识之大多数国民,而抵制椓丧国家之行为,非学生而谁?呜呼!学生之牺牲其时间与心力,以营此救国之杂志,诚不得已也。

学生既不得已而出此杂志,则所出杂志之务有以副学生之人格,其要有三:

---

① 《国民杂志》是北京大学学生创办的一个刊物。1918年5月,在日本东京的中国留学生举行游行示威,要求日本归还青岛,遭到日本警察的镇压,被捕一百多人,于是一千多名留日学生罢学回国。回国后,在上海组织了学生救国团,并积极联系北京大学等校。北京大学学生积极响应,并联合北京的大专学校学生两千多人开会,成立学生救国会。学生救国会在北大组织国民杂志社,于1918年10月20日召开成立大会,在会上蔡元培发表了演说。1919年1月正式出版的《国民杂志》,旨在唤起国民大众的爱国主义觉悟,蔡元培为之作序,热情地支持学生的爱国行动。

② 椓丧:损丧,破坏。椓,击。

一曰正确。有一事焉，与吾人之所预期者相迎合，则乍接而辄认为真；又有一事焉，与吾人之所预期者相抗拒，则屡闻尚疑其伪。此心理上普通作用也。言论家往往好凭借此等作用，以造成群众心理，有因数十字之电讯而酿成绝大风潮者，当其时无不成如荼如火之观，及事实大明，而狂热顿熄，言论家之信用荡然矣。故爱国不可不有热诚；而救国之计画，则必持以冷静之头脑，必灼见于事实之不诬而始下判断，则正确之谓也。

二曰纯洁。救国者，艰苦之业也。墨翟生勤而死薄①，勾践卧薪而尝胆，范仲淹"先天下之忧而忧，后天下之乐而乐"。断未有溺情于耳目之娱、侈靡之习而可以言救国者。近来我国杂志，往往一部分为痛哭流涕长太息之治安策，而一部分则杂以侧艳之诗文、恋爱之小说，是一方面欲增进国民之人格，而一方面则转以陷溺之也。愿《国民杂志》慎勿以无聊之词章充篇幅。

三曰博大。积小群而为大群，小群之利害，必以不与大群之利害相抵触者为标准。家，群之小者也，不能不以国之利害为标准。故有利于家，而又有利于国，或无害于国者，行之。苟有利于家，而有害于国，则绝对不可行。此人人所知也。以一国比于世界，则亦为较小之群。故为国家计，亦当以有利于国，而有利于世界，或无害于世界者为标准。而所谓国民者，亦同时为全世界人类之一分子。苟倡绝对的国家主义，而置人道主义于不顾，则虽以德意志之强，而终不免于失败，况其他乎？愿《国民杂志》勿提倡极端利己的国家主义。

---

① 墨翟生勤而死薄：墨翟（约公元前468－前376），即墨子，春秋时期著名的思想家、教育家、军事家，墨家学派的创始人。重视生产实践，奖励勤劳艰苦，故为生勤；反对厚葬久丧，故为死薄。

以上三者，皆关于内容者也。至于《国民杂志》社之进行，最所希望者，曰有恒。《国民杂志》之酝酿已历半年，卒底于成，不能不佩社员之毅力。自此以前，尚为一鼓作气之时期。若前数期出版以后，渐渐弛其责无旁贷之决心，则此后之困难，正不弱于酝酿时期。愿社员永保此朝气，进行不怠，则于诸君唤醒国民之初心，始为无负也。